SHENG WU KE XUE CONG SHU · 生物科学丛书 · SH

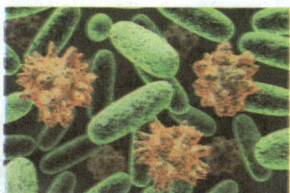

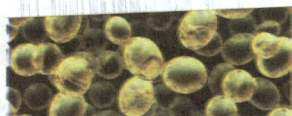

生物非常曝光

王兴东 著

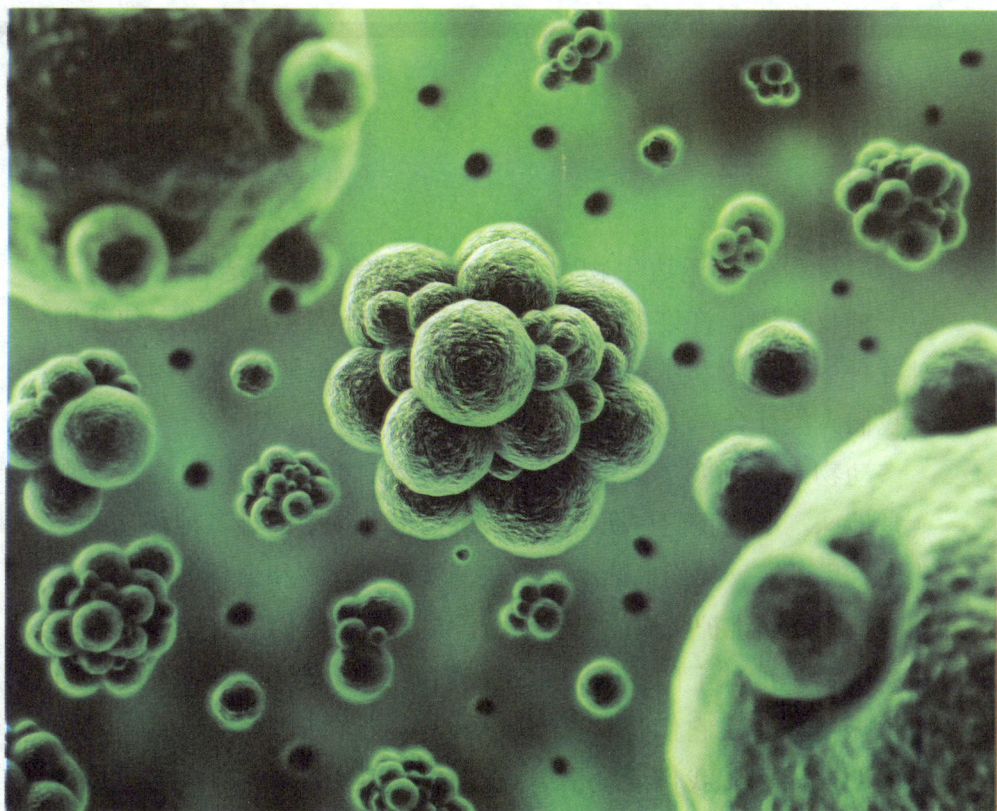

Wuhan University Press
武汉大学出版社

前 言

　　广袤自然，无边生物，真是无奇不有，怪事迭起，奥妙无穷，神秘莫测，许许多多的难解之谜简直让人不可思议，使我们对各种生命现象和生存环境简直捉摸不透。破解这些谜团，有助于我们人类社会向更高层次不断迈进。

　　动物是我们人类最亲密的朋友，我们拥有一个共同的家，那就是地球。尽管我们与动物相处最近，但动物中的许多神秘现象令我们百思不解。我们揭开动物奥秘，就能与动物和谐相处与共生，就能携手共同维护我们的自然环境，共同改造我们的地球家园。

　　植物是地球上的生命，也是我们的生存依托。千万不要以为草木无情，其实它们是有喜怒哀乐的，应该将它们作为我们最亲密的朋友。因此我们要爱惜一花一草。植物是自然的重要成员，破解植物奥秘，我们就能掌握自然真谛，就能创造更加美丽的地球家园。

生物是具有动能的生命体，也是一个物体的集合，可以说在我们周围是无处不在。特别是微生物，包括细菌、病毒、真菌以及一些小型的原生动物、显微藻类等在内的一大类生物群体，它们个体微小，却与我们生活关系密切，涵盖了许多有益有害的众多种类，我们必须要清晰地认识它们。

许多人认为大海里怪兽、尼斯湖怪兽等都是荒诞的，根本不可能存在，认为生活在恐龙时代的生物根本不可能还会活到今天。但一种生活在4亿年前的古老矛尾鱼被人们捕捞上岸，这一惊人发现证实了大海里确有古老生物的后裔存活。

生物的丰富多彩与无限魅力就在于那许许多多的难解之谜，使我们不得不密切关注。我们总是不断认识它、探索它。虽然今天科学技术日新月异，达到了很高程度，但我们对于那些无限奥秘还是难以圆满解答。古今中外许许多多科学先驱不断奋斗，一个个奥秘不断解开，推进了科学技术大发展，但人类又发现了许多新的奥秘，又不得不向新问题发起挑战。

为了激励广大青少年认识和探索自然的奥妙之谜，普及科学知识，我们根据中外最新研究成果，特别编辑了本套书，主要包括动物、植物、生物、怪兽等的奥秘现象、未解之谜和科学探索诸内容，具有很强的系统性、科学性、可读性和新奇性。

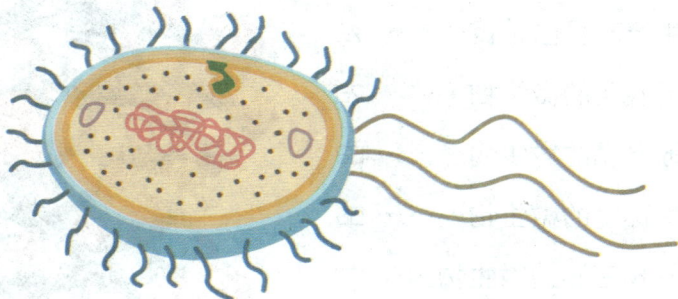

目 录
CONTENTS

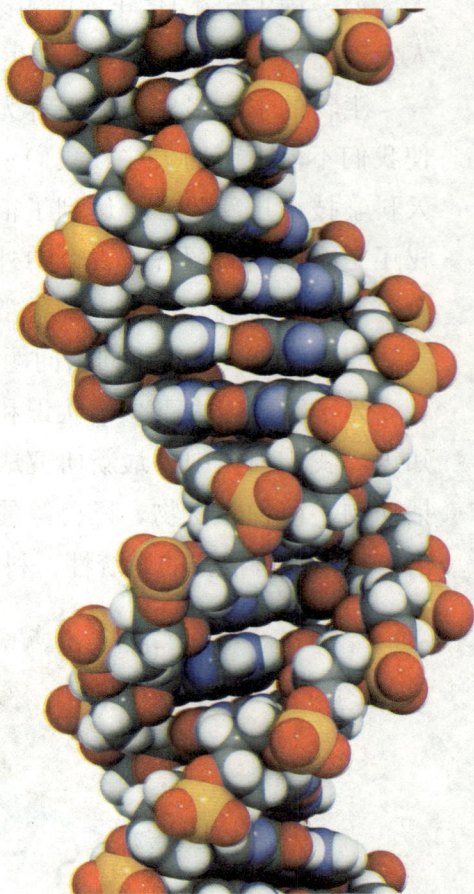

本领强大的微生物

微生物的大小

微生物早在32亿年前就存在于地球上了。只是由于它们个头小，直到19世纪中期列文虎克发明了显微镜以后，微生物世界才向人类展示出它们迷人的无穷奥秘。

说它们个头小，一点都没有夸大其辞。它们小，小到连肉眼都看不见，因为我们肉眼只能看到1/10毫米以上的东西。而几

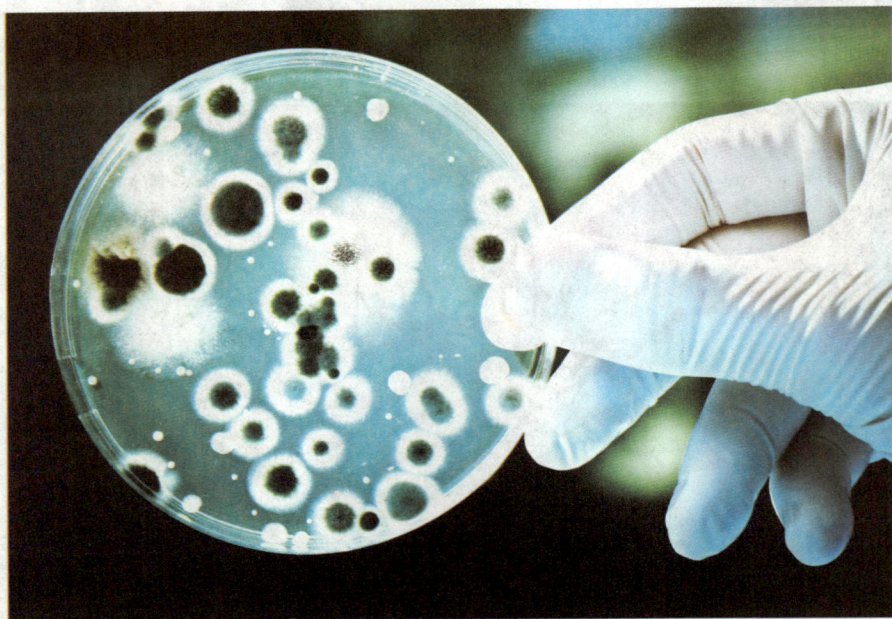

万万个微生物堆在一起，也只有一粒小米粒那么大，可见它们体积有多么小了。

虽然微生物的体积是如此之小，但还是可以被测量的。当然，测量的工具就不能是现在一般家庭或学生使用的普通尺了。因为这些尺的最小单位是毫米，用毫米作为微生物的长度单位，实在是大材小用。一般来说，测量微生物，我们使用微米或者纳米。

微米到底有多大呢？将1毫米平均分成1000份，其中的一份才是1微米。再将这一丁点儿分成1000份，取其中的一份，才是1纳米。

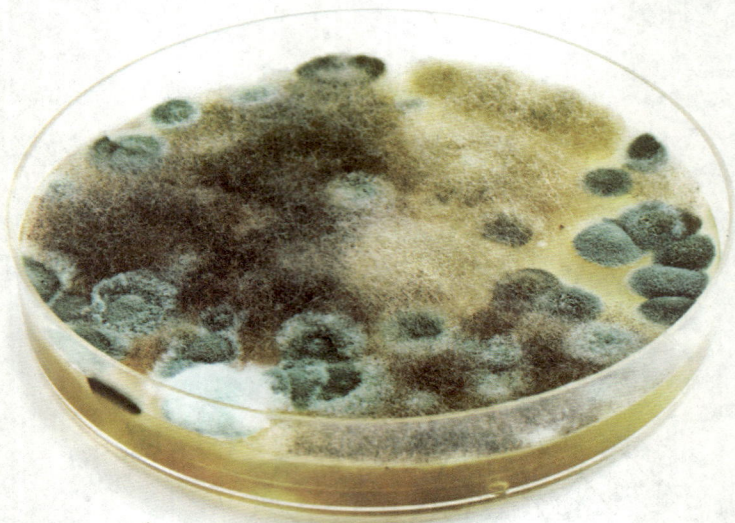

微生物的本领

别看微生物的个头小，本领可不小。它们也有自己的飞机、轮船。空中纷飞的灰尘是它们无拘无束随风游荡的热气球；丑陋的苍蝇是它们巨大的波音747，光一只苍蝇的脚就能运载好几万个微生物乘客呢！水面上随波逐流的土粒是它们的游艇；漂浮的树叶、小枝是它们的航空母舰。这些逍遥的家伙，寻个机会就搭乘这些飞机、轮船……到处游览世界名胜；美国的自由女神像、法国的凯旋门、日本的富士山。哪儿没留下它们的"倩影"？

小家伙跑到医院里，看见那儿有好多好多被病痛折磨的病人，善良的它们献出自己的劳动产品——抗生素，医生们笑了，病人们康复了，这些逍遥的小家伙们又开始漫游了。

小家伙是个调皮的孩子，它时不时就钻入人体的肠道、血管作起恶来，让人们爱它也不是，恨它也不是；只有动用全身的免疫系统抗击它们。

不要小瞧这些体积小的微生物，人"菌"之战到底鹿死谁手还不得而知呢！有许多次，人类在它们强大的攻势面前都不得不缴械投降，或者只有借助于其他的微生物来对付。

小家伙的本事太大了，它能腐蚀木材，仅在英国，每年给木材造成的损失就达三四亿美元！而且，它还能在计算机电子回路的塑料表面繁殖，使整个系统出现故障、造成不可估量的损失！

微生物的能量

这么一点点的小个头，怎么会有如此高强的本领呢？究其原因，不外乎以下几条：一是吃得多、吸收得多、转化迅速；二是

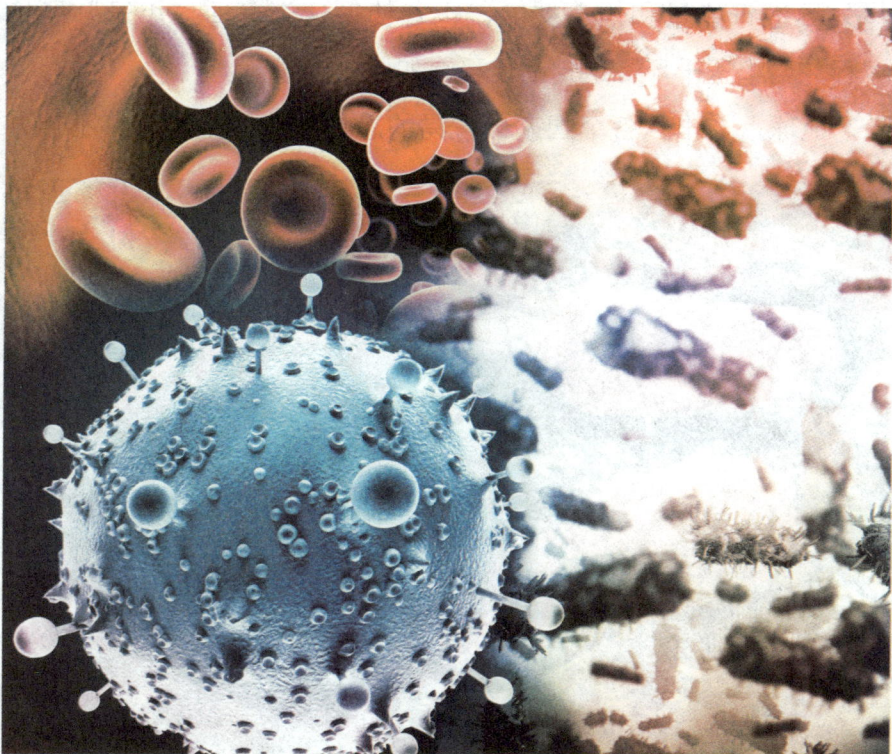

长得快、繁殖快、能吃苦，不论在多么艰难的环境中它都能随机应变，不仅顽强地活下去，还顽强地生儿育女……归根结底一句话：这小家伙是个"鬼精灵"，鬼就鬼在它的这个"小"字上啦！

为什么这样说呢？其实自然界有一个普遍的规律：任何物体被分割得越小，其单位体积中物体所占有的表面积就越大。

若以人体的面积与体积的比值作为标准"1"，与人体等重的大肠杆菌，它的面积与体积的比值为人的30万倍！

这种小体积、大面积的特点造就了世间微小的"巨人"，它使得这个"迷你"生物更容易与周围环境进行物质交换，更容易与外界进行能量和信息交流，也就使得这个逍遥"小子"能把"秤砣虽小压千斤"这句话诠释得如此生动了。

地球上，出入各个国家最容易的恐怕就算微生物了，不用办

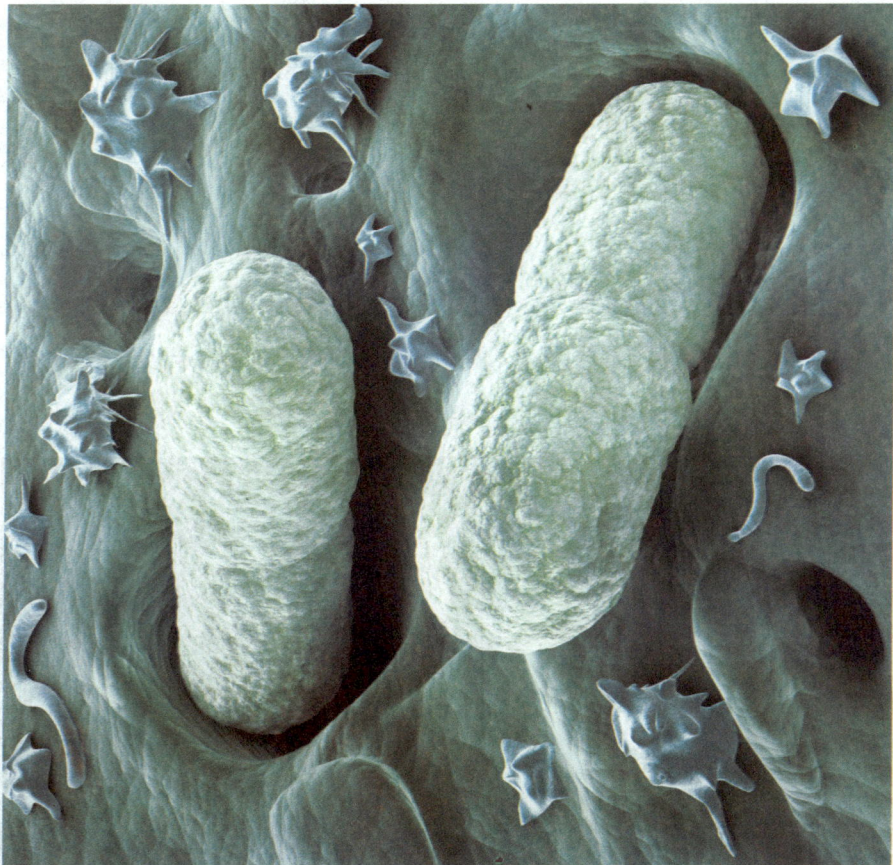

护照、不用买机票，随便寻个人啊、箱子啊，随着它们搭上民航班机就走。要不，干脆腾云驾雾，随着风儿、鸟儿甚至苍蝇，想上哪儿就上哪儿，轻轻松松逛遍美国、加拿大……真是货真价实的"世界公民"！

微生物的生存环境

这个"世界公民"本领可真大，上得了冰山，下得了火海，躲在酒桶里，藏在人的肚肠中，真是无处不在，无时不有。

不用说别的地方，单是看看我们的手掌，可不是危言耸听，上面密密麻麻地布满了好多好多的微生物。就是在人的粪便中，竟然也有1/3是微生物的菌体。一个成年人，在24小时内排出的微生物就有400万亿之多，真是一个令人瞠目结舌的数字！

　　要不，我们再来学学虎克先生，刮一点齿垢，放在显微镜下观察：哇，真是可怕，一点点齿垢里竟然生活着那么多的微生物，有一些像柔软的杆棒，来来往往，以君主的堂皇气派，列队而行；还有一些螺旋状的，在水里疾转，像战场上奋勇杀敌的勇士……正是它们中的变形链球菌在我们的牙齿中捣鬼，让我们牙

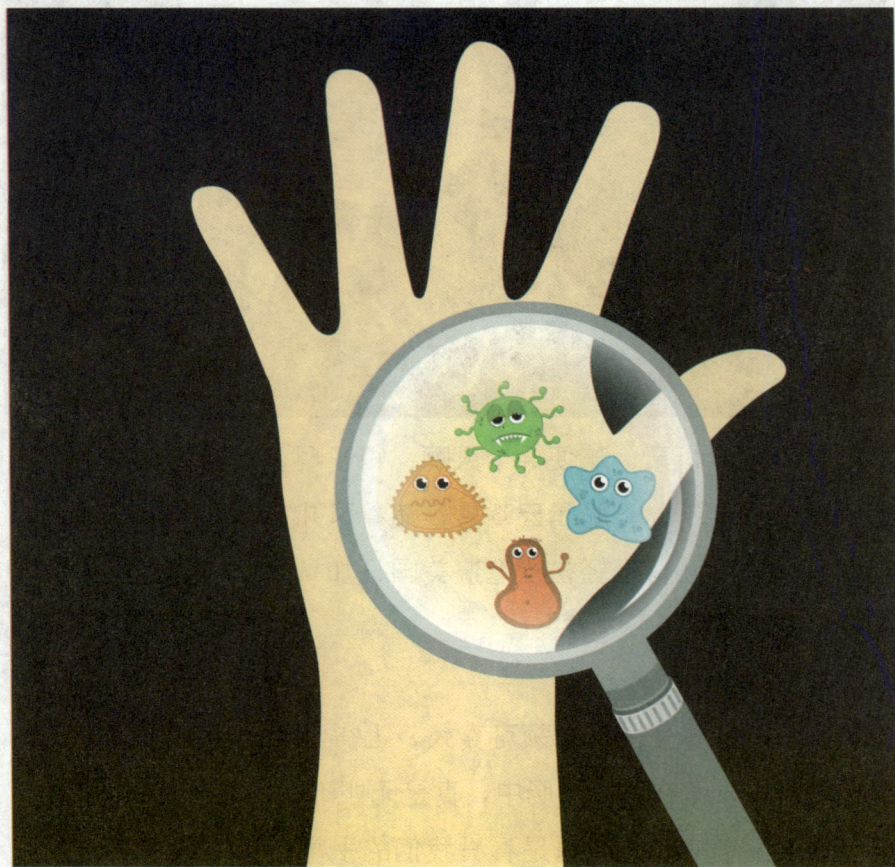

疼难忍！

日常生活中，我们常常将零用钱和纸巾混放在一起，这是非常不卫生的习惯，纸币上有很多的细菌和病菌，据测，一张半新的纸币上就沾有30万～40万个细菌呢！

再看看我们身边的水，浊浪涛涛的黄河水、长江水，阳春三月绵绵的雨丝，炎炎夏日的滂沱大雨……哪一处没有微生物的身影。

清水里，氧气充足，虽然没有什么养料，微生物却能延年益寿。

浊水里，有丰富的有机物，微生物能尽情享用，大饱口福。

连绵的细雨，澄清了天空，扫净了大地，然而，那涓涓细流汇成了江河湖海，同时也载着浩浩荡荡的微生物奔向四面八方。

粉妆玉砌的冬雪，纯洁无暇，但那些将化未化的冬雪，正是微生物冬眠的地方。

　　甚至于我们人类离不开的饮用水中都有它们的存在。我国规定，饮用水的标准是每毫升水中细菌总数不超过100个，每升水中大肠杆菌的数量不能超过3个。自来水公司输送到千家万户的水是经过了很多道处理工序，最后检验合格才允许输出的。

　　但为什么有时喝了自来水会拉肚子，经检查是水质不符合标准。这可不能责怪自来水公司，他们是严格遵守国家规定的，但原因何在呢？我们知道，水是通过管道运输的，高楼层的居民还得利用水箱贮存水，在这一"送"一"贮"的过程中，所谓"二次污染"就发生了。藏在水里的、管道中的、水箱壁上的微生物会很快繁殖起来。这些令人头痛的小家伙，害得我们连澄清透明的自来水都不能喝了。

连澄清透明的水中都包含有如此多的微生物，就不用说平常看起来脏兮兮的土壤了。土壤是微生物的家乡，也是微生物的工厂，那里活动着的微生物，据估计，每一克重的土块竟有数亿个！即使在荒无人烟的沙漠，一克沙土中也有10多万个微生物存在，比我们的某些城市所拥有的人口还要多！

有人问，空气中有没有它们？做一个小小的实验就可以说明：将一杯经过高温灭菌的肉汤敞口放在实验室或者家里，没过多久，通过显微镜观察肉汤汁，发现里面有很多快活的微生物，它们是从空气中飞到肉汤里安家落户的小精灵。

这些微生物坐在尘埃或者液体飞沫上，凭借风力随着空气的流动就可以漫游3000千米之远，飞上20000米之高，周游列国，浪

迹天涯。

微生物的生存极限

什么地方没有它们呢？我们常常听说高温灭菌，沸水消毒，因为微生物怕热。一般来说，到60℃以上，微生物就渐渐没了生气，到100℃的沸点，大部分微生物就没有生还的希望了。但是，这一常识却不断受到挑战。

20世纪80年代初，科学家在90℃的高温热水中找到了存活的细菌。那时，人们以为90℃可能就是生命的耐热极限。但十几年前，德国生物学家在意大利的海底火山口周围发现了生存在110℃热水中的"超级嗜热性细菌"。

1990年，美国两名科学家在2600米深的海底发现了能喷射出摄氏几百度高温水的涌泉。令人惊奇的是，在如此高温高压的水样里科学家竟然发现了一些活的微生物——一种以前无人知晓的细菌！

要知道，金属锡在232℃时就会熔化，而这种细菌在232℃居然还能自由自在地生活，看来，微生物真是耐得了高温的"英雄"！

在冰天雪地人迹罕至的南极，那些多沙砾的土壤及结冰的水域，竟然也是细菌的大本营，这些无所畏惧、无处不在的世界公民，连严寒也不害怕！

小知识大视野

在极端环境下能够生长的微生物称为极端微生物，又称嗜极菌。嗜极菌对极端环境具有很强的适应性，极端微生物基因组的研究有助于从分子水平研究极限条件下微生物的适应性，加深对生命本质的认识。

制造美食的微生物

酿造博士——曲霉

在真菌家族中有一位酿造"博士"，叫曲霉，味道鲜美的腐乳就是靠它研制成功的。

你一定知道，豆腐是制腐乳的原料，由于豆腐中含有的蛋白质不易被水溶解，所以未经加工的豆腐淡而无味。曲霉有一个"绝招"，它可以分泌出一种能分解蛋白质的酶，把豆腐中丰富的蛋白质分解成各种氨基酸，氨基酸刺激人舌头上的味蕾，于是人就尝到了鲜味。

曲霉的菌丝有隔膜，属于多细胞霉菌。它的菌落带有各种颜色，黄曲霉、红曲霉、黑曲霉等曲霉菌，就是由菌落的颜色而得名。

说来有趣，我国周朝时候，为了给皇后染制黄色礼服——曲衣，曾专门派人培制黄色曲霉。当然，人们还

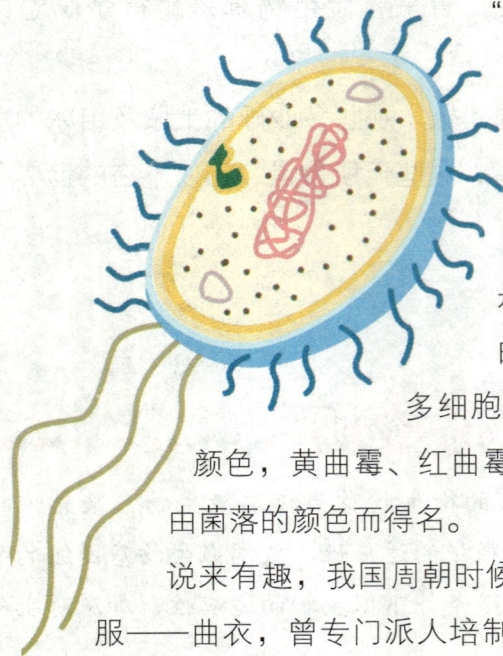

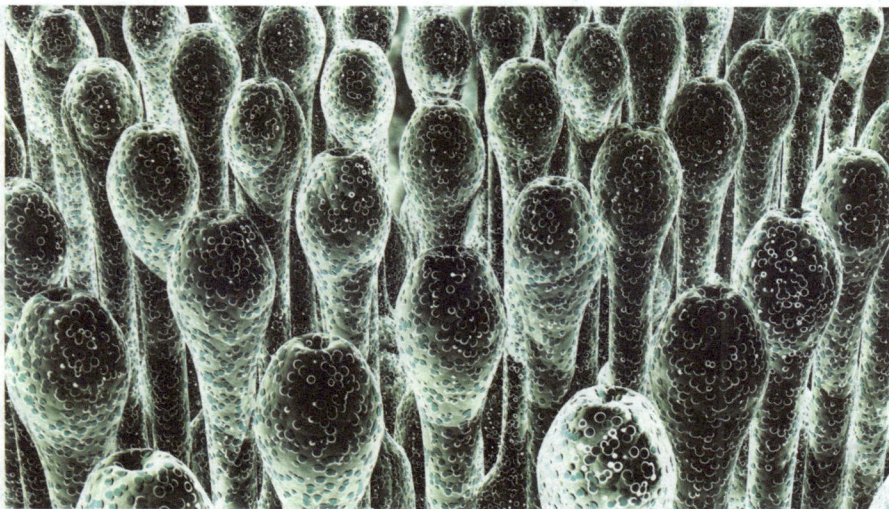

不知道微生物的大名，更没有菌落这样的概念，古人只是凭直觉，把它们称为"五色衣"、"黄衣"等。

正是曲霉具有能分解蛋白质等复杂有机物的绝招，从古至今，它们在酿造业和食品加工方面大显身手。早在两千年以前，我国人民已懂得依靠曲霉来制酱；民间酿酒造醋，常把它请来当主角。我国特有的调味品豆豉，也是曲霉分解黄豆的杰作。现代工业则利用曲霉生产各种酶制剂、有机酸，以及农业上的糖化饲料。

发酵之母——酵母菌

松软可口的馒头，香喷喷的大面包，是靠酵母菌的帮助才烤制出来的。假如你消化不良，食欲不振，医生会给你开些酵母片，让酵母菌帮助你把胃里的不容易消化的东西统统打扫干净。

酵母菌是微生物王国中的"大个子"，它们有的呈球形和卵形，还有的长得像柠檬或腊肠。绝大多数的酵母菌以出芽方式进行无性繁殖，样子很像盆栽仙人掌的出芽生长。

酵母菌本领非凡，它们可以把果汁或麦芽汁中的糖类，即葡萄糖在缺氧的情况下，分解成酒精和二氧化碳，使糖变成酒。它能使面粉中游离的糖类发酵，产生二氧化碳气体，在蒸煮过程中，二氧化碳受热膨胀，于是馒头就变得松软，所以被称为发酵之母。

酵母菌浑身是"宝"，它们的菌体中含有一半以上的蛋白质。有人证明，每100千克干酵母所含的蛋白质，相当于500千克大米、217千克大豆或250千克猪肉的蛋白质含量。

第一次世界大战期间，德国科学家研究开发食用酵母，样子像牛肉和猪肉，被称为"人造肉"。第二次世界大战爆发后，德国再次生产食用酵母，随后，英、美和北欧的很多国家群起仿效。

这种新食品的开发和利用，被认为是第二次世界大战中继发明原子能和青霉素之后的第三个伟大成果。酵母菌还含有多种维生素、矿物质和核酸等。

家禽、家畜吃了用酵母菌发酵的饲料，不但肉长得快，而且抗病力和成活率都会提高。

酵母菌在自然界中分布很广，但它们既怕过冷又怕过热，所以市场上出售的鲜酵母一般要保存在10～25℃之间。

制醋巧手——醋酸梭菌

醋是家家必备的调味品。烧鱼时放一点醋，可以除去腥味；有些菜加醋后，风味更加好，还能增进食欲，帮助消化。镇江香醋、山西陈醋，都是驰名中外的佳品。

1856年，在法国立耳城的制酒作坊里，发生了淡酒在空气中自然变醋这一怪现象，由此引起了一场历史性的大争论。当时有的科学家认为，这是由于酒吸收了空气中的氧气而引起的化学变化。而法国微生物学家、化学家巴斯德，令人信服地证明酒

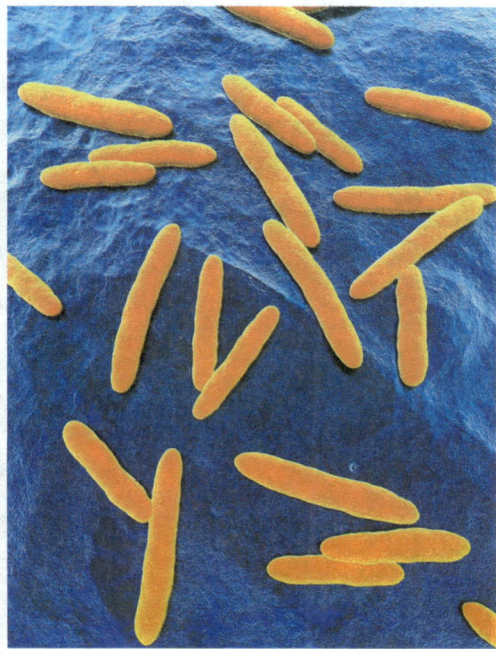

变化为醋是由于制醋巧手——醋酸梭菌的缘故。

原来，一般制醋有三个过程：第一步，曲霉"博士"先把大米、小米或高粱等淀粉类原料变成葡萄糖；第二步由酵母菌把糖变成酒精。如果生产到这一步，人们就可以喝上美酒了。但是，由酒为醋，还得有第三步，这就要醋酸梭菌来完成。

醋酸梭菌是一种好气性细菌，它们可以从空气中落到低浓度的酒桶里，在空气流通和保持一定温度的条件下，迅速生长繁殖，进行好气呼吸，使酒精氧化，就这样它们一面"喝酒"，一面把酒精变成了味香色美的酸醋。

醋酸梭菌有个很大的特点，就是对酒精的氧化不够彻底，往往只氧化到生成有机酸的阶段，所以有机酸便积累起来。人们利用它的这个特点，不仅用来生产醋酸，而且还广泛用于丙酸、丁酸和葡萄糖酸的生产。

醋酸梭菌还能将山梨中含有的山梨醇转化成山梨糖，这是自然界少有然而却是合成维生素C的主要原料。另外，醋酸梭菌还可以用于生产淀粉酶和果胶酶。

醋酸梭菌虽然是制醋巧手，但酿酒师傅可不欢迎它们，因为它们常常跑到酒桶里搞恶作剧，把一桶美酒搞得酸溜溜的。所以，酿酒师傅总是把酒桶盖得严严实实的，不让醋酸梭菌混入酒桶，即使有少量溜进桶里的醋酸梭菌也会因喘不过气来被闷死。

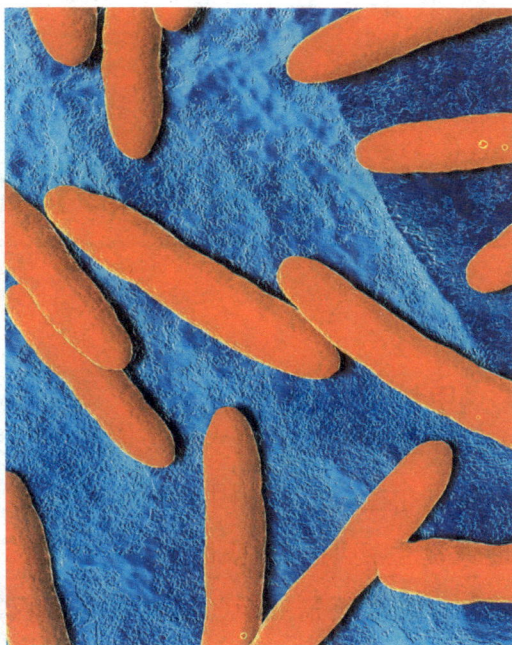

最后，酿酒师傅还要给酒桶加温，残存的醋酸梭菌和其他"捣乱"的微生物会——被消灭掉，这时，酿酒师傅就放心地等着出美酒了。

小知识大视野

长期放在阴暗处的大豆或花生往往长出"黄毛"，这是一种含毒素的黄曲霉。黄曲霉毒素不仅会造成家禽和家畜中毒甚至死亡，而且还可以诱发人类癌症，特别是肝癌。因此，久置发霉的豆子或花生绝不能食用，也不能当饲料。

制造能源的微生物

甲烷菌制造沼气

在泥泞的沼泽或水草茂密的池塘里，生活着无数专爱"吹"气泡的小生命，名叫甲烷菌。甲烷菌是地球上最古老的生命。在地球诞生初期，死寂而缺氧的环境造就了首批性情随和的"生灵"，它们不需要氧气便能呼吸，仅靠现成简单的碳酸盐、甲酸盐等物质维持生计，然而它们具有生命实体——细胞，并开始自然繁殖。这就是生物的鼻祖——甲烷菌。

时至今日，地球几经沧桑，甲烷菌却本性难移，仍保持着厌氧本色。当然，现代甲烷菌的"食物"来源更加广泛，杂草、树叶、秸秆、食堂里的残羹剩饭、动物粪尿，乃至垃圾等都是甲烷菌的美味佳肴。沼泽和水草茂密的池塘底部极为缺氧，甲烷菌躲在这里"饱餐"一顿之后，便舒心地呼出一口气来，这便是沼气泡。沼气泡中充满沼气。

沼气的主要成分是甲烷，另外还有氢气、一氧化碳、二氧化碳等。它是廉价的能源，用于点灯做饭，既清洁又方便；还可以代替汽油、柴油，是一种理想的气体燃料。

现在世界上大多数国家都在为燃料不足而发愁，开发利用新能源已成为世界性的紧迫问题。而小小微生物却能为人类分忧，在解决能源危机的问题上做出了自己的贡献。

在国外，已有许多工厂使用沼气作燃料开动机器。我国也有不少地区特别是农村兴建了沼气池，人工培养微生物制取沼气。

据估计，每立方米沼气池可以生产6000千卡左右的热量，可供一个马力的内燃机工作24小时；供一盏相当于60～100瓦电灯亮度的沼气灯照明5～6小时。还可以建成沼气发电站把生物能变成电能。甲烷菌的食料非常广泛，几乎所有的有机物都可以用作沼气发酵的原料。沼气池则为甲烷菌提供了一个缺氧的环境。

在这里，甲烷菌可以愉快地劳动，源源不断地产生沼气。一个年产20000吨酒精的工厂，如将全部酒精废液生产沼气，每年可得沼气1100万立方米，相当于9000吨煤。而且，被甲烷菌"吞嚼"过的残渣，还是庄稼的上等肥料，肥效比一般农家肥还高。

酵母菌制造乙醇

乙醇，就是我们通常说的酒精。纯乙醇的沸点为78.5℃，很

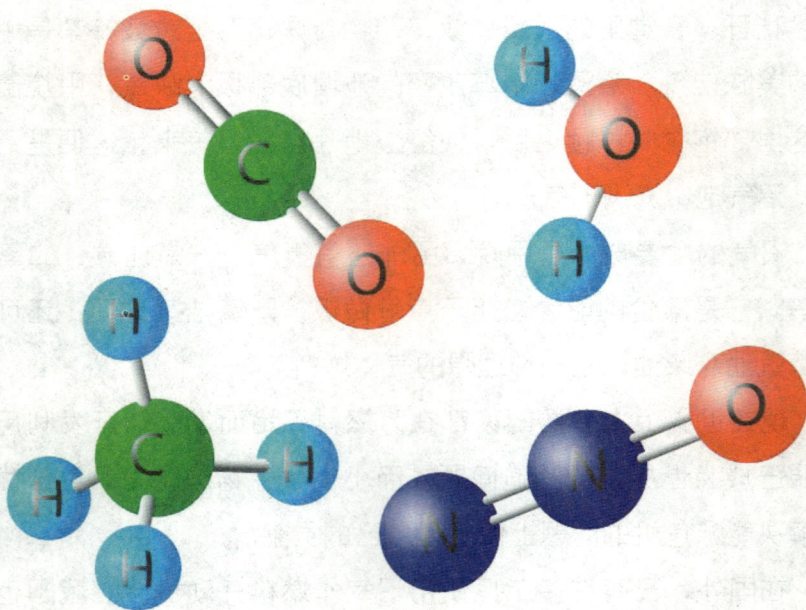

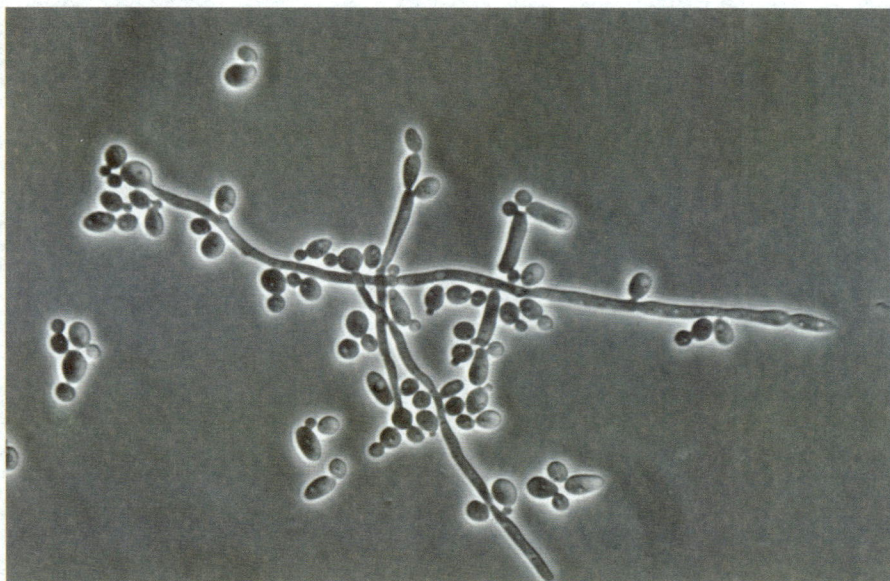

容易燃烧，在世界面临能源危机的今天，开发利用乙醇作动力燃料，正受到人们越来越多的关注。

有的国家把乙醇掺进汽油里混合使用，称为醇汽油，效率甚至比单用汽油还高。产糖量居世界第一的巴西，完全用乙醇开动的汽车，已经在圣保罗的大街上奔驰了。

生产乙醇的主角是大名鼎鼎的酵母菌。它能够在缺氧的条件下，开动体内的一套特殊装置——酶系统，把碳水化合物转变成乙醇。近些年来人们又陆续发现，微生物王国中能够制造乙醇的菌种还不少，比如有一种叫酵单孢菌的，它的本领比酵母菌还高，不仅发酵速度快，生产效率高，而且能更充分地利用原料，产出的乙醇要比酵母菌高出8倍多，是更为理想的乙醇制造者。

在相当长的一段时间里，微生物用来生产乙醇的原料主要是

甘蔗、甜菜、甜高粱等糖料作物和木薯、马铃薯、玉米等淀粉作物，现在人们找到了一种廉价的原料，这就是纤维素。

纤维素也是碳水化合物，而且在自然界里大量存在，许多绿色植物及其副产品，如树枝树叶、稻草糠壳等，几乎有一半是纤维素，用它们做原料可以说是取之不尽，用之不竭。当然，用纤维素做原料对酵母菌来说，将发生极大的困难，也就是说很难施展它的发酵本领。

不过有办法，人们早就从牛、羊等牲畜能吸收纤维素的研究中发现，微生物中的球菌、杆菌、黏菌和一些真菌、放线菌，会分泌出一种能催化纤维素分解的酶，叫纤维素酶。

用这种纤维素酶先把纤维素分解成单个葡萄糖分子，然后酵母菌就能把葡萄糖发酵变成乙醇。

更令人赞叹不已的是，有一种叫嗜热梭菌的微生物，它们居然能一边"吃"纤维素，一边"拉"出乙醇来，那就更简单了。在日本和韩国等地，利用木霉和酵母菌协同作战，也成功地用纤维素生产出了乙醇。微生物利用纤维素做原料生产乙醇，为乙醇登上新能源的宝座铺平了道路。由于这些原料都来自绿色植物，所以有人把乙醇称为绿色的汽油。

新型微生物电池

煤炭、石油、天然气，是当前人类生活中的主要能源。随着人类社会的发展和生活水平的提高，需要消耗的能量日益增多。可是这些大自然恩赐的能源物质，是通过千万年的地壳变化而逐渐积累起来的，数量虽多，但毕竟有限。因此，人们终将面临能源危机的一天。当然，人们可以从许多方面获取能源。例如太阳能就是一个巨大的能源。此外像地热、水力、原子核裂变都可以放出大量的能量。试验研究表明，利用微生物发电，有着美好的前景。

电池有很多种类，燃料电池是这个家族中的后起之秀。一般电池是由正极、负极、电解质三部分构成，燃料电池也是这样：让燃料在负极的一头发生化学反应，失去电子；让氧化剂在正极的一头发生反应，得到从负极经过导线跑过来的电子。同普通电池一样，这时候导线里就有电流通过。

燃料电池可以用氢、氨、甲醇、甲醛、甲烷、乙烷等作燃

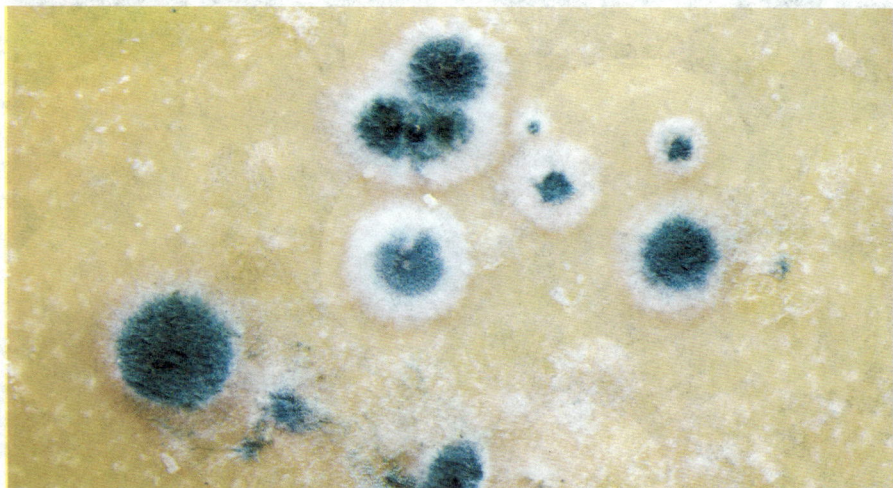

料，以氧气、空气、双氧水等为氧化剂。现在我们可以利用微生物的生命活动产生的所谓"电极活性物质"作为电池燃料，然后通过类似于燃料电池的办法，把化学能转换成电能，成为微生物电池。

作为微生物电池的电极活性物质，主要是氢、甲酸、氨等。例如，人们已经发现不少能够产氢的细菌，其中属于化能异养菌的有30多种，它们能够发酵糖类、醇类、有机酸等有机物，吸收其中的化学能来满足自身生命活动的需要，同时把另一部分的能量以氢气的形式释放出来。有了这种氢作燃料，就可以制造出氢氧型的微生物电池来。

在密闭的宇宙飞船里，宇航员排出的尿怎么办？美国宇航局设计了一种巧妙的方案：用微生物中的芽孢杆菌来处理尿，生产出氨气，以氨作电极活性物质，就得到了微生物电池，这样既处理了尿，又得到了电能。

一般在宇航条件下，每人每天排出22克尿，能得到47瓦电力。同样的道理，也可以让微生物从废水的有机物当中取得营养物质和能源，生产出电池所需要的燃料。

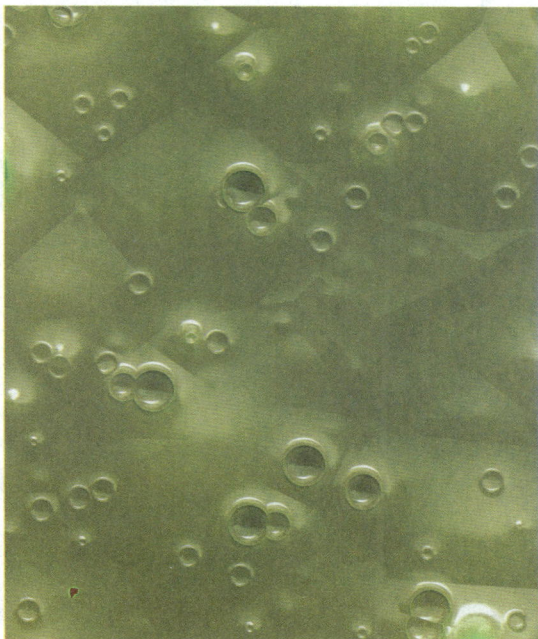

尽管微生物电池还处在试验研究的阶段，但在不久的将来，将给人类提供更多的能源。

小知识大视野

中国科学家在微生物燃料电池的产电机制研究方面取得突破性进展。他们从污染环境中分离出一株嗜碱性假单胞菌，该菌株在碱性条件下能够分解有机物的同时产生电能，最佳pH为9.5。通过研究发现，该菌株在微生物燃料电池体系中代谢有机物的同时，产生酚嗪-1-羧酸介体，该介体起电子穿梭的作用，从而实现电子从有机物到电极的传递过程。

超级微生物的本领

喜压微生物

电影中的"超人"，具有异乎寻常的胆识和能力，但那纯属虚构；而现实中的"超级微生物"则活生生地生活在地球上。所谓"超级微生物"是指能在特殊环境下生存的，具有超能力的生命体。研究它们，对于人类的生活意义重大。

　　一般微生物很难在高压下生存。但喜压微生物在一个大气压下不能生存，只有在高压下才能生存。这种微生物可在3800米以下的深海中生活，这一环境处于高水压和低温状态。

　　由于技术上存在一些问题，目前人类尚无法分离喜压微生物。但研究人员认为，未来深海微生物和宇宙微生物将会成为喜压微生物的来源。

抗放射微生物

　　一般微生物受到10万～15万拉德放射线的照射，就会死亡。但是，有一种微生物即使在100万～200万拉德放射线照射下，也能生存。这种抗放射线照射的微生物已引起研究人员的关注。

　　目前，许多国家都在研制用于食品和医疗器械等方面的放射线杀菌。在迄今已发现的微生物中，最高的可耐500万拉德放射线的照射。

低营养微生物

一般说来，微生物总是在有机物比较丰富的地方繁殖。但有一类微生物却可在营养贫乏的环境中生存。这类微生物可在一般微生物无法繁殖的，高倍率稀释的培养基中，即有机碳浓度为 $10 \sim 14\%$ 的环境中繁殖。

大多数低营养微生物属于假单胞菌，可有效地利用空气中挥发的有机物。日本的研究人员通过实验发现，低营养微生物在除去有机物的蒸馏水中，可稳定地繁殖，而且可以传宗接代。

甚喜盐微生物

腌制的鱼为什么会在高盐状态下仍然被微生物所侵蚀呢？这与"甚喜盐微生物"有关，它可以在饱和食盐水中生活。人类把它们同甲烷微生物及喜酸、喜热微生物一起列入了古代微生物中。

一般来说，从海水中可以分离出低度喜盐微生物，在盐液食品中可以分离出中度喜盐微生物。高度喜盐微生物大都是从盐田和盐湖中分离出来的。

高度喜盐微生物为了生存，要求有特殊的氯化钠，在3个分子量以上的食盐培养基中能良好生育，而且不能用其他盐类代替氯化钠，一旦让喜盐微生物脱离食盐，它们便溶化、死去。

喜酸碱微生物

微生物世界真是"不看不知道，一看吓一跳"，不仅有甚喜

盐微生物，而且还有喜酸、喜碱微生物。

微生物一般是在中性PH值的环境中生活的，但也有在偏重碱性和偏重酸性环境中生活。

目前，已从pH值为8以上的土壤中分离出喜碱微生物。喜碱微生物具有许多有趣的特征，它能使生活环境变成适合自身需要的PH值状态。

如果让喜碱微生物在pH值为12左右的环境中生活数日，培养基会逐渐变成pH值为9左右。若让同样的微生物在pH值为7.5左右的环境中生活，尽管最初它的繁殖很缓慢，但随着pH值逐渐提高到8.5以上，其繁殖便开始加速，达到pH值为9左右时，繁殖停止。

自然界中有一种对酸非常嗜好的微生物。这类微生物可以在pH值为1的强酸环境中生存。在喜酸微生物中，还有许多微生物同时具有喜热性，它们可以在酸性温泉中生活。

日本的研究人员从东北地区的酸性温泉中分离出一种既喜酸，又喜热的微生物，这种微生物可在pH值为2～5的范围内，温度70℃的环境中生存。

此外，日本的研究人员还发现了一种在酸性更强，而且温度必须达75℃以上的环境中生存的微生物，这种微生物的形态很奇特，细胞膜呈六角形的镶嵌结构。

除此之外，自然界中还有很多形形色色的超级微生物展现着无穷的奥秘，如果能将这些超级微生物研究透彻，那么，我们就有可能利用它们的"超级"特性生产出新的物质、新的产品。

小知识大视野

南澳大利亚大学环境污染评估与补救协会教授梅加·马拉瓦拉普和他的同事们通过对被砷化合物严重污染的土壤中数千种微生物样本进行扫描后，发现了一种令人惊奇的微生物。该微生物可以吸收高毒性亚砷酸盐，将其氧化成危险性较低的砷酸盐形态，砷酸盐可以使用其他方法更简单地解毒。研究人员称，利用这种微生物可以"吃掉"土壤中致命的毒物，帮助清洁土地。

能够治病的微生物

抵抗疾病的"疫苗"

许多细菌和病毒会给人类带来疾病，造成死亡，然而，人们也正是利用这类细菌和病毒以毒攻毒，把它注射到正常人的身体里，使人体在后天产生对某种疾病的抵抗力。这种用来注射的细菌和病毒，就是疫苗。

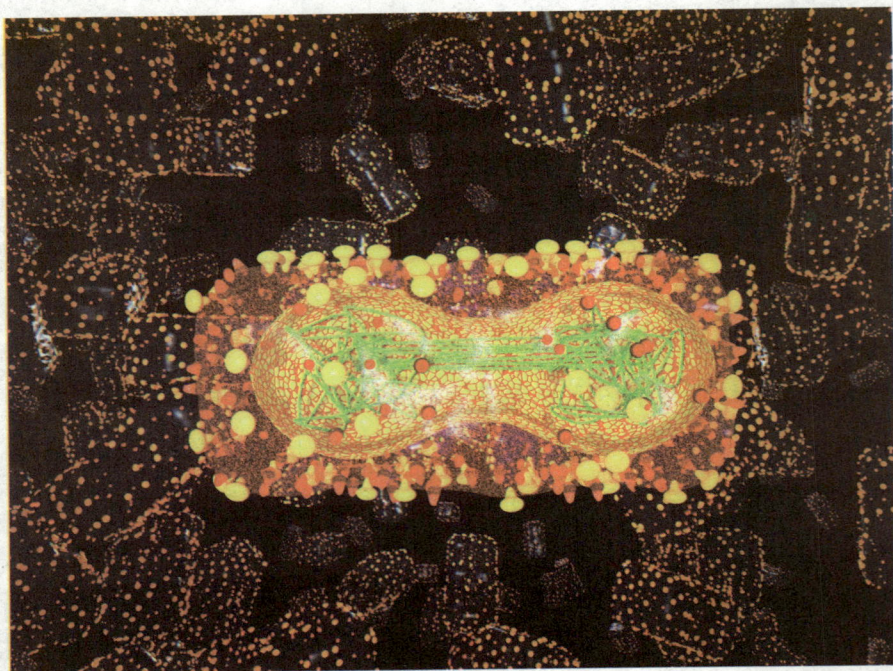

疫苗的利用，可以追溯到10世纪的我国宋朝时期，当时一些民间医生就已知道用天花病人的豆痂，吹进健康人的鼻孔里，使他在患轻微的天花病过程中，获得对天花病毒的免疫力。

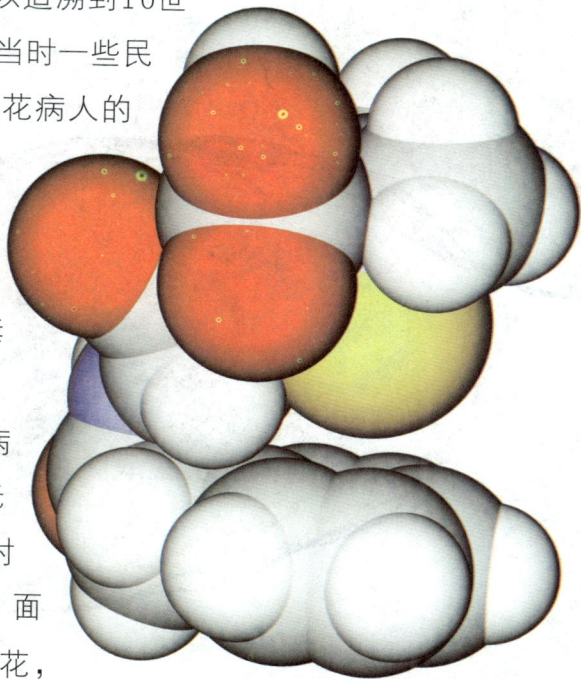

18世纪，天花病广泛流行，夺去了无数人的生命。英国乡村医生琴纳惊异地发现，面对令人惊恐战栗的天花，挤牛奶的姑娘们却没有一个生病。这是什么原因呢？

他进一步研究得知，原来姑娘们在挤牛奶时，手无意中接触了牛痘的浆液，牛痘病毒就从手上细小的伤口进入人体，虽然手上出现了寥寥无几的痘疹，但姑娘们对天花病毒从此具有了免疫力。

这一发现使他大受启发，在经过一系列实验后，他为一个小男孩接种了牛痘，成功地获得了预防天花的免疫效果。这是人类用科学方法免疫防病的开端。

经过几个世纪的努力，人们已经研制出了多种疫苗，将它们注入人体，抵抗各种疾病的袭击，有效地控制了天花、麻疹、霍乱、鼠疫、伤寒、流行性脑炎、肺结核等许多传染病的蔓延。

那么，人体注射了疫苗，为什么能预防传染病呢？疫苗、菌苗都是利用微生物制成的，所以称为生物制品。

绝大多数生物制品对人体来说，是一种大分子胶体的异体物质，人们把它称为抗原。当抗原进入人体后，它可以刺激人体内产生一种与其相应的抗体物质。抗体具有抑制和杀灭病原菌的功能，这便是人体内的免疫作用。

例如，种牛痘所以能预防天花，就是因为预防接种后，抗原物质作用于人的机体，除了引起体内先天性免疫增强外，还能刺激人体内产生大量抗体和免疫活性物质——转移因子、干扰素等，这样，人体对再侵入的天花病毒就会自动获得免疫力了。

生物科学丛书

"吃汞勇士"假单孢杆菌

20世纪50年代初，日本水俣地区发生了一种奇怪的病。患者开始感到手脚麻木，接着听觉视觉逐步衰退，最后精神失常，身体像弓一样弯曲变形，惨叫而死。

当时谁也搞不清这是什么病，就按地名把它称为"水俣病"。经过医学工作者几年的努力，终于揭开了这怪病之谜：

原来是当地工厂排出的含汞废水污染了水俣湾，使那里的鱼虾含汞量大大增加，人吃了这些鱼虾后，汞也随之进入人体，当汞在人体内的含量积累到一定程度，就会严重地破坏人的大脑和神经系统，产生可怕的中毒症状，直到致人死亡。

汞化合物是一种极难对付的污染物，人们曾试图用物理的方法和化学的方法来制服它，但效果都不太理想，最后还是请来了神通广大的微生物。

在微生物王国里，有一批专吃汞的勇士，例如有一种名叫假单孢杆菌的，到了含汞的废水中，不但安然无恙，而且还能把汞吃到肚子里，经过体内的一套特殊的酶系统，把汞离子转化成金属汞，这样，既能达到污水净化的目的，人们还可以想办法把它们体内的金属汞回收利用，一举两得。

微生物王国中有不少成员，如为数众多的细菌、酵母菌、霉菌和一些原生动物，事实上早已充当着净化污水的尖兵。

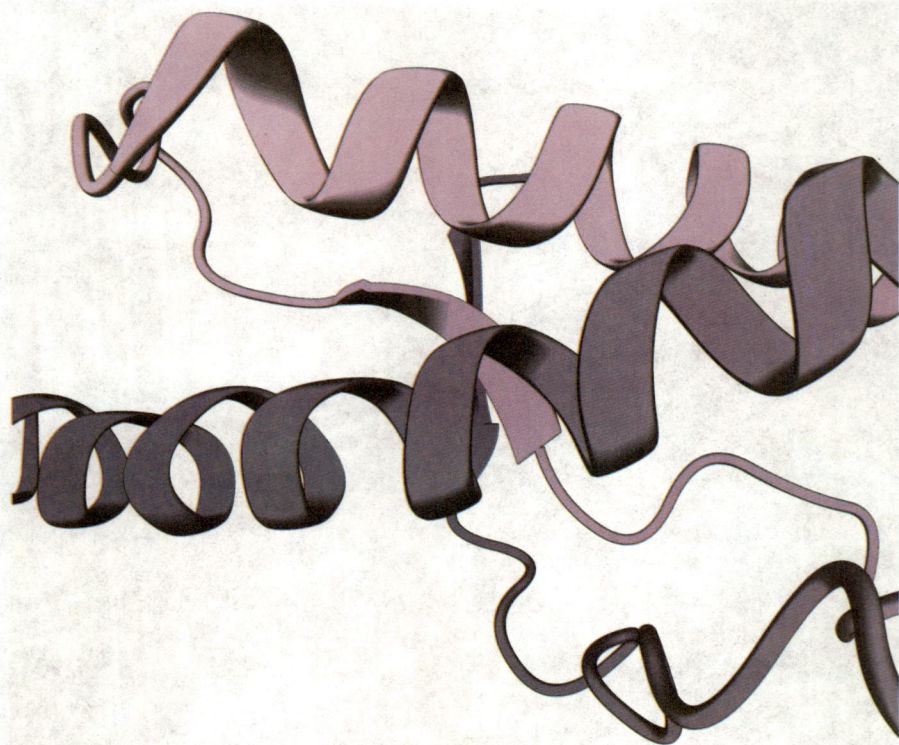

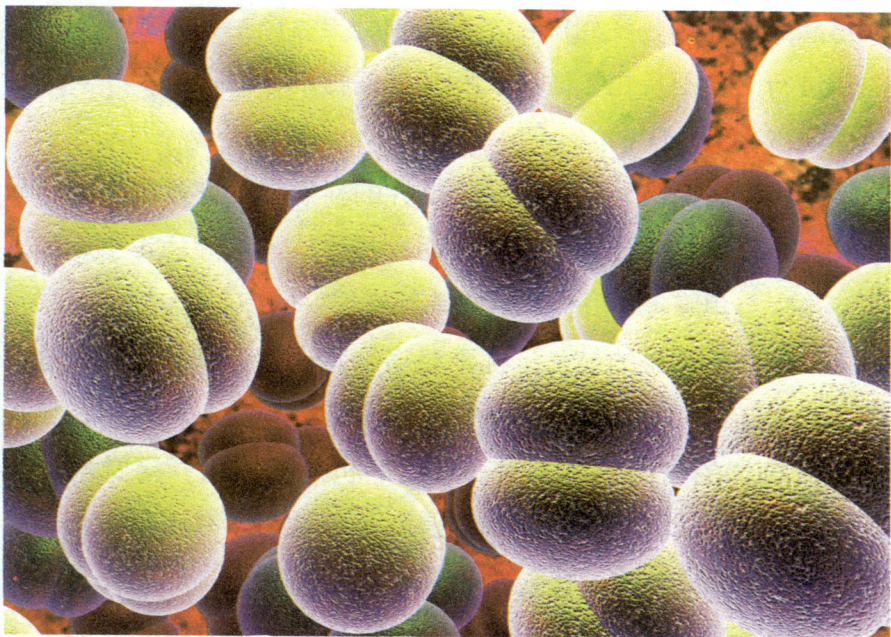

　　它们把形形色色的污染物，"吃进"肚子里，通过各种酶系统的作用，有的污染物被氧化成简单的无机物，同时放出能量，供微生物生命活动的需要；有的污染物被转化、吸收，成为微生物生长繁殖所需要的营养物。

　　正是经过它们的辛勤劳动，大量的有毒物质被清除了，又脏又臭的污水变清了。有的还能变废为宝，从污水中回收出贵重的工业原料；有的又能化害为利，把有害的污水变成可以灌溉农田的肥源。

"药苑新秀"干扰素

　　你听说过干扰素吗？顾名思义，干扰素是一种能起干扰作用的物质。

　　1957年，美国的两位科学家艾萨克斯和林登曼首先发现，当病毒感染人体后，受到病毒入侵的细胞里会产生和释放出一种蛋白质进行"自卫反击"，干扰和抑制病毒的"为非作歹"。这种蛋白质被称为干扰素。

这一发现，极大地震动了全世界的科学界。许多国家的科研机构不惜资金投入研究，先后证明，用干扰素治疗病毒引起的感冒、水痘、角膜炎、肝炎、麻疹等都有很好的疗效。

尤其令人注目的是，干扰素对癌细胞也有抑制作用。有些科学工作者还探明，干扰素对人体的免疫能力也有刺激作用，能唤起整个机体的防御系统，提高它们的机能和作用，警觉地进入"战备状态"，从而大大地增强身体的抵抗力。有人预言，未来药品的新秀可能将是干扰素的"天下"。

干扰素虽有如此神效，但是它的提取工作非常困难。因为干扰素只有在受到病毒入侵的细胞中才能产生，而且数量极少。

1979年，芬兰红十字会和赫尔辛基卫生实验所用了4.5万升人血，才煞费苦心地提炼了0.4克干扰素。据法国医疗单位计算，治疗一个感冒病患者要花费10000法郎，而医治一位癌症病人，那就需要花费50000多法郎。可谓是世界上最昂贵的药品之一了。

那么，能不能从别的动物血液中提取呢？不行。因为干扰素有很强的专一性，人体用的干扰素只能从人体细胞中取得；把从别的动物身上取得的干扰素用到人身上，数量再多也没有效果。

人们正在积极寻找新的办法。前不久，美国和瑞士的科学工作者分别宣布，他们已经采用基因工程的办法，把人干扰素基因移植到大肠杆菌细胞里去，使大肠杆菌在新移植来的基因的指导下，合成我们所需要的物质——人干扰素。

我们知道，繁殖快本来就是微生物的特点，而大肠杆菌在这方面更是首屈一指。它一般20～30分钟就能繁殖一代，24小时可繁殖70多代。而且大肠杆菌的食料简单，来源丰富，培养并不困难。

因此，用它们来生产干扰素，不仅产量高，而且价格低廉，一旦付诸实施，微生物又将为人类的健康事业做出新的贡献。

小知识大视野

干扰素是一种广谱抗病毒剂，并不直接杀伤或抑制病毒，而主要是通过细胞表面受体作用使细胞产生抗病毒蛋白，从而抑制病毒的复制，同时还可增强自然杀伤细胞、巨噬细胞和淋巴细胞的活力，从而起到免疫调节作用，并增强抗病毒能力。

新颖的微生物食品

微生物单细胞蛋白

当今国际市场上，出现了一种引人注目的新食品。它们的样子很像鸡、鱼或猪肉，但却不是农家饲养的畜禽制品，也不是耕种收获的五谷杂粮，而是用微生物生产的微生物蛋白制成的，有人称它为"人造肉"。

我们知道，蛋白质是生命活动的基础，一切有生命的地方都有蛋白质，微生物当然也不例外。不过到目前为止，能够担当生产微生物蛋白的菌种还不多，主要是一些不会引起疾病的细菌、酵母和微型藻类。因为它们的结构非常简单，一个个体就是一个细胞，所以这样的蛋白又叫单细胞蛋白。

在生产单细胞蛋白的工厂里，人们为微生物安排了最适宜的居住环境，这就是一个个大小不等的发酵罐，罐里存放着适合不同种类微生物"胃口"的食料，保证它们在这里能吃饱喝足，迅速繁殖。当发酵罐里的微生物繁殖到足够数量时，便可收集起来加工利用了。

单细胞蛋白具有很高的营养价值。它的蛋白质含量可达到40%～80%，远远超过一般的动植物食品。而且单细胞蛋白质里氨基酸的种类比较齐全，有几种在一般粮食里缺少的氨基酸，在单细胞蛋白里却大量存在。

另外，单细胞蛋白还含有多种维生素，这也为一般食物所不及。正是由于单细胞蛋白具有这些突出的优点，现在人们用它加上相应的调味品做成鸡、鱼、猪肉的代用品，不仅外形相像，而且味道鲜美，营养也不亚于天然的鱼肉制品；将它掺和在饼干、饮料、奶制品中，则能提高这些传统食品的营养价值。

在畜禽的饲料中，只要添加3%～10%的单细胞蛋白，就能大大提高饲料的营养价值和利用率。用来喂猪可增加瘦肉率；用来养鸡能多产蛋；用来饲养奶牛还可提高产奶量。

在井冈霉素、肌苷、抗生素等发酵工业生产中，它又可代替粮食原料。单细胞蛋白用途广泛，前程远大。

随着世界人口的不断增长，粮食和饲料不足的情况日益严重。面对这一严峻的现实，开发利用单细胞蛋白已成为许多国家增产粮食的新途径。

若以蛋白质含量计算，1000克单细胞蛋白相当于1～1.5千克的大豆。建立一座有5只100吨发酵罐的工厂，可以年产5000吨单细胞蛋白，相当于50000亩耕地上种植大豆的产量。

单细胞蛋白的生产向人们展示了美好的前景，在现代科学技术培育下，也许用不了多久，用单细胞蛋白制成的饭菜，就会出现在我们的餐桌上。

"神奇牛排"真神奇

德国慕尼黑的一家餐馆里，近年来有一道名菜声名鹊起。那道菜叫作"神奇牛排"，滋味美妙无比。

慕名而来的食客们，品尝了"神奇牛排"后，在赞赏这一美味的同时，往往会发出这样的疑问：这是牛排吗？怎么有点像猪排，又有点像鸡脯？难道是神奇的烹调使它的味道走了样？

餐馆的侍者们对此往往笑而不答，最多是含糊其辞地说一句："嗬，那是超越自然的力量。"

侍者们知道，如果说明真相，也许会使某些食客心头发腻——那"牛排"实际上是人造的，是一大团微生物也就是酵母菌细菌的干制品，或者说是一大团微生物尸体。

如果再作进一步说明，可能会引起食客反胃，甚至有可能感

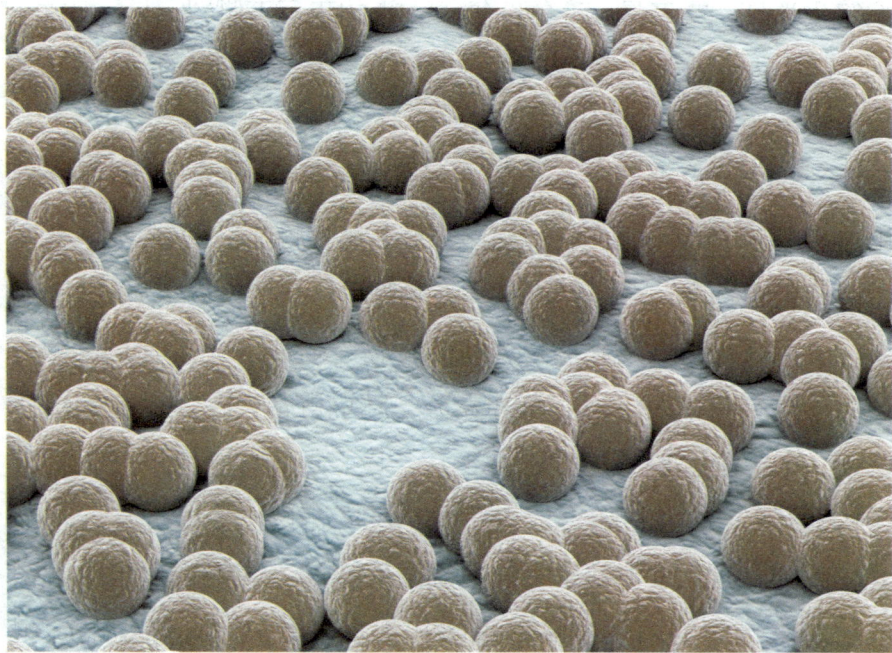

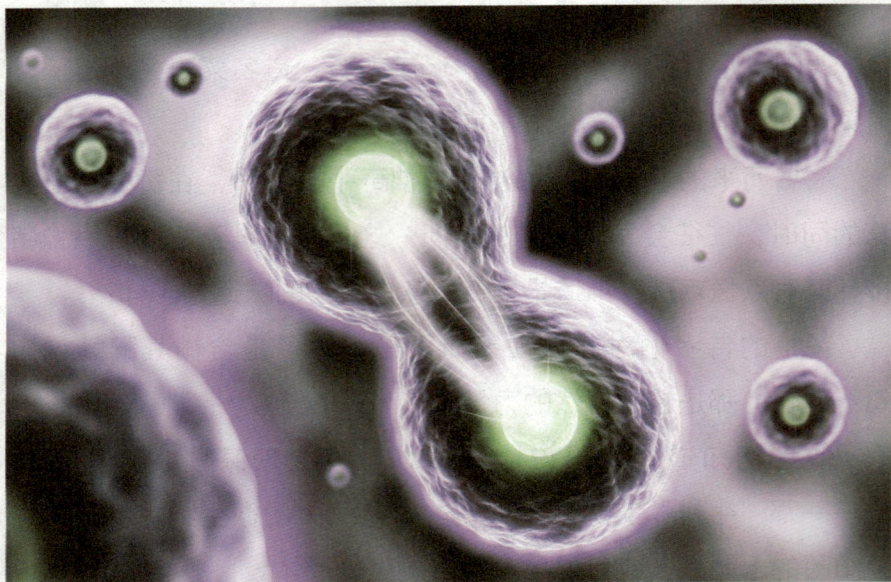

到恐惧——制造这些人造牛排的原材料是对人体有毒的甲醇、甲烷等化学品，或者是废弃的纤维素之类的工厂下脚料。

这些人造牛排的学名叫单细胞蛋白。单细胞蛋白也是发酵工程对人类的杰出贡献了。

以发酵工程来生产单细胞蛋白是不太复杂的事，关键是选育出性能优良的酵母菌细菌。这些微生物食性不一，或者嗜食甲醇，或者嗜食甲烷，或者嗜食纤维素等。

它们的共同点是都能把这些"食物"彻底消化吸收，再合成蛋白质贮存在体内。由于营养充分，环境舒适，这些微生物迅速繁殖，一天里要繁殖十几代甚至几十代。每一代新生的微生物又会拼命吞噬"食物"，合成蛋白质，并繁殖下一代……

当然，这些过程都是在发酵罐里完成的。人们通过电脑严密地控制着罐内的发酵过程，不断加入水和营养物，即甲醇、甲烷、纤维素……不时取出高浓度的发酵液，用快速干燥法制取成品——单细胞蛋白。

一些数字可以说明发酵过程生产单细胞蛋白的效率有多高。一头100千克的母牛一天只能生产400克蛋白质，而生产单细胞蛋白的发酵罐里，100千克的微生物一天能生产1吨蛋白质。

一座600升的小型发酵罐，一天可生产24千克单细胞蛋白。

每100克单细胞蛋白成品里含有蛋白质50～70克，而同样重量的瘦猪肉和鸡蛋的蛋白质含量分别是20克和14克。

用发酵工程生产的单细胞蛋白不仅绝对无毒，而且滋味可口。由于原料来源广泛，成本低廉，有可能实现大规模生产。

蛋白质是构成人体组织的主要材料，每个人在一生中要吃下约1.6吨蛋白质。然而，蛋白质是地球上最为缺乏的食品，按全世界人口的实际需要来计算，每年缺少蛋白质的数量达3000万～4000万吨。可见，发酵工程生产单细胞蛋白的意义远远超出慕尼黑餐馆里供应的"神奇牛排"，它对全人类，对全世界有着不可估量的作用。

小知识大视野

单细胞蛋白，也叫微生物蛋白，它是用许多工农业废料及石油废料人工培养的微生物菌体。因而，单细胞蛋白不是一种纯蛋白质，而是由蛋白质、脂肪、碳水化合物、核酸及不是蛋白质的含氮化合物、维生素和无机化合物等混合物组成的细胞质团。

奇妙的生物"指北针"

能感知地磁的磁性细菌

有一种微生物，在北半球它总是朝向地磁南极方向移动，而在南半球它又朝着地磁北极移动，这仿佛是"指北针"的东西到底是什么呢？

它就是1975年美国新罕布什尔大学的生物学家布莱克莫尔首次发现的磁性细菌。磁性细菌是一种厌氧菌，为了尽可能到达地下缺氧的环境中，它采取了沿着磁力线移动的方式。

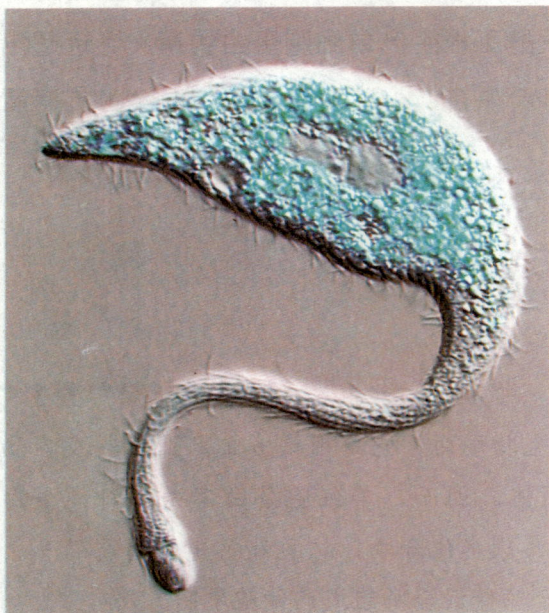

原来，地球的磁力线只是在赤道地区才与地面平行。随着纬度的升高，磁力线的倾斜度也增大，因而，在地球两极的磁力线便与地面垂直。这也就是说，在高纬度的南北半球上，沿磁力线运动就意味着从上向下的移动。由此可见，这种趋磁性正是磁性细菌生存所需要的。

磁性细菌为什么能感知地磁呢？研究表明，磁性细菌之所以有如此特异功能并能沿着磁力线移动，是因为在菌体内含有10~20个自己合成的磁性超微粒。

这种微粒的大小为500埃~1000埃（1埃＝10^{-8}厘米）。每个颗粒都有相同的结晶构造。

迄今为止，无论采用哪种高科技都不能制造出这样的结晶体。如果用人工方法合成500埃~1000埃的磁性超微粒，需要采取一系列的复杂工程，例如在真空状况下熔炼金属，再进行蒸发等。

　　不仅如此，人工制作的磁性超微粒的形状和大小是不均一的，而磁性细菌只需要在常温、常压下就能简单地合成。为此，磁性细菌因生产简便和利用价值高，正受到国际科学界和工业界的极大瞩目。

磁性细菌的研究和运用

　　根据磁性细菌会沿着磁力线方向移动的性质，日本东京农工大学的松永是助教授制作了磁性细菌捕获器，这种装置含有采用磁铁的特殊过滤器，把它放入水中就能捕捉到磁性细菌。

　　松永是助教授将捕获后的磁性细菌进行培养和繁殖后进行了一系列研究。但是，这些研究只解决了摆在人们眼前的问题，至于其他的问题：磁性微粒到底是什么，我们该如何利用磁性细菌，他又进行了深入的研究。

科学家们通过各种实验陆续解答了这些问题。他们将培养后的磁性细菌的菌体破坏，利用菌体和磁性超微粒之间存在着的比重差，通过离心器进行分离，抽取出磁性超微粒。用X射线对这种微粒进行解析后证明：它们确实是四氧化三铁，其大小约为500埃~1000埃。

最初利用磁性细菌进行的试验是把葡萄糖氧化酶固定于磁性微粒上。结果表明，1微克（10^{-6}克）的磁性超微粒可以固定200微克的葡萄糖氧化酶。

而同量的人造锌——铁氧体磁性超微粒（5000埃），只能固定1微克的葡萄糖氧化酶，两者相差200倍，并且固定于天然磁性超微粒酶的活性也提高了40倍。

此外，大肠杆菌抗体固定于磁性微粒的试验也获得了成功。令人欣喜的是，试验还证实，使用过的微粒能够被再次利用。

随后，松永是助等人把磁性细菌的超微粒导入了绵羊的红细胞内。结果人们看到，磁性超微粒融合得好像是被红细胞"吸收进去"似的。当研究者在这种红细胞上转动磁铁时，细胞也随之一起运动。

与此同时，人工方法制造的磁性微粒不均匀，要把它们导入细胞内很困难，而且即使把人造微粒送入细胞内，人们也会担心细胞被毒化。而磁性细菌的超微粒恰恰不会有毒害。

为此，科学家们对于在医学方面应用生物合成的磁性微粒寄予了很大的期望。

科学家认为，如果把酶抗体和抗癌药物等固定于这种超微粒

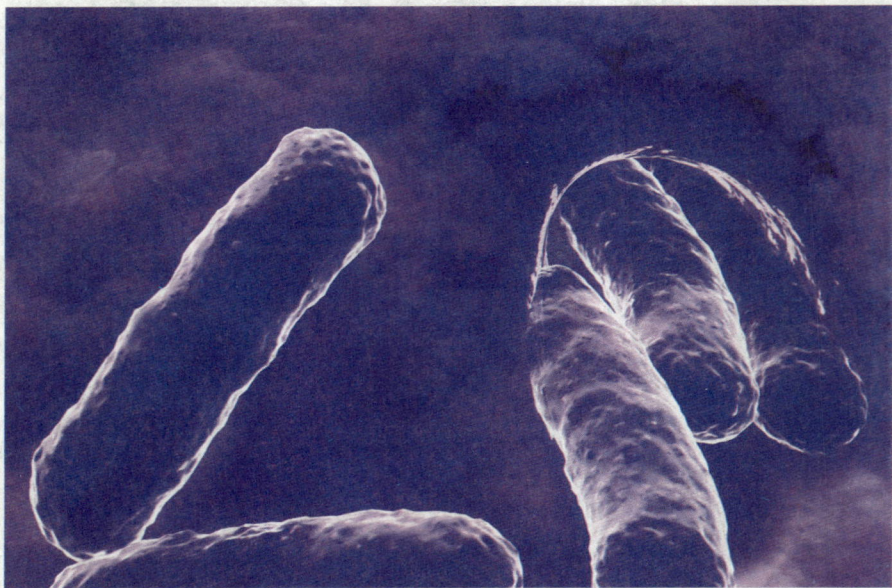

上，再使其导入白细胞和免疫细胞内，随后从体外进行磁性诱导，那么这将在制伏癌症和其他疾病中发挥出巨大的作用。

另一方面，如果把这种具有均匀的结晶构造的微粒，用作高性能的磁性记录材料，其记录容量比目前使用的人造材料高出几十倍。

为此，科学家正力图从遗传学上，弄清楚磁性细菌合成磁性超微粒的机理，以便能够利用大肠杆菌进行大规模生产，从而使得磁性记录材料的质量获得飞跃。

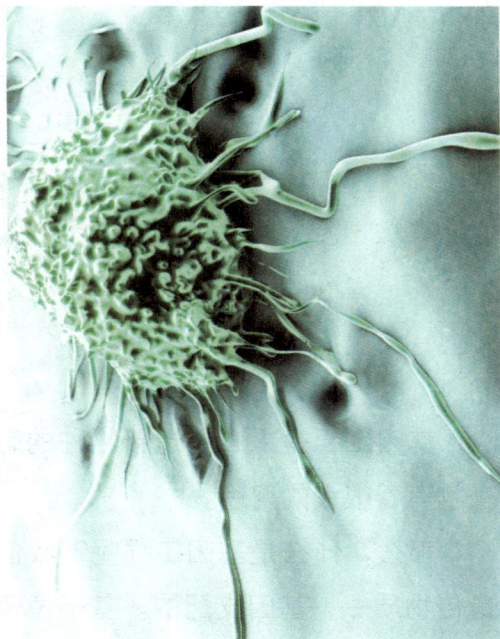

小知识大视野

英国里兹大学与日本东京农工大学的研究团队目前在研究磁性细菌时表示，磁性细菌在未来或许可用来打造生物电脑。因为这些微生物摄取铁时，本身内部会制造出微小磁铁，类似个人电脑硬盘的内部情况。

创造新物种的微生物

作为基因的供体和载体

基因工程是人工创造新物种的有效途径，在这个工程中，微生物有着很大的用途。

那么，什么是基因工程呢？我们知道，生物的遗传性都是由遗传物质——基因支配的。基因位于细胞核的染色体中，每个基因都有固定的职能，在个体发育过程中，许许多多基因无比协调地通力合作，才逐渐建立起美丽而对称的生命大厦。

如果我们把一个基因摘下来，从甲生物转移到乙生物，只要处理得当，它将同样能够发挥原有的效应。所谓基因工程，就是根据人类的需要，将某种基因有计划地移植到另一种生物中去的新技术。

科学家发现，微生物可以作为基因的供体，把它的优良性状提供给其他生物；也可以作为基因的载体，把一个生物的优良性状携带给另一个生物，还可以作为基因的受体，接受别的生物的基因，并在细胞内复制和表达。

我们已经知道，微生物具有繁殖快，容易实现工厂化生产等优点，如果把植物或动物的基因移植到微生物中去，就可以多快好省地生产生物制品。

规模化生产营养物质

1978年，科学家把人体的"胰岛素基因"移入大肠杆菌，于

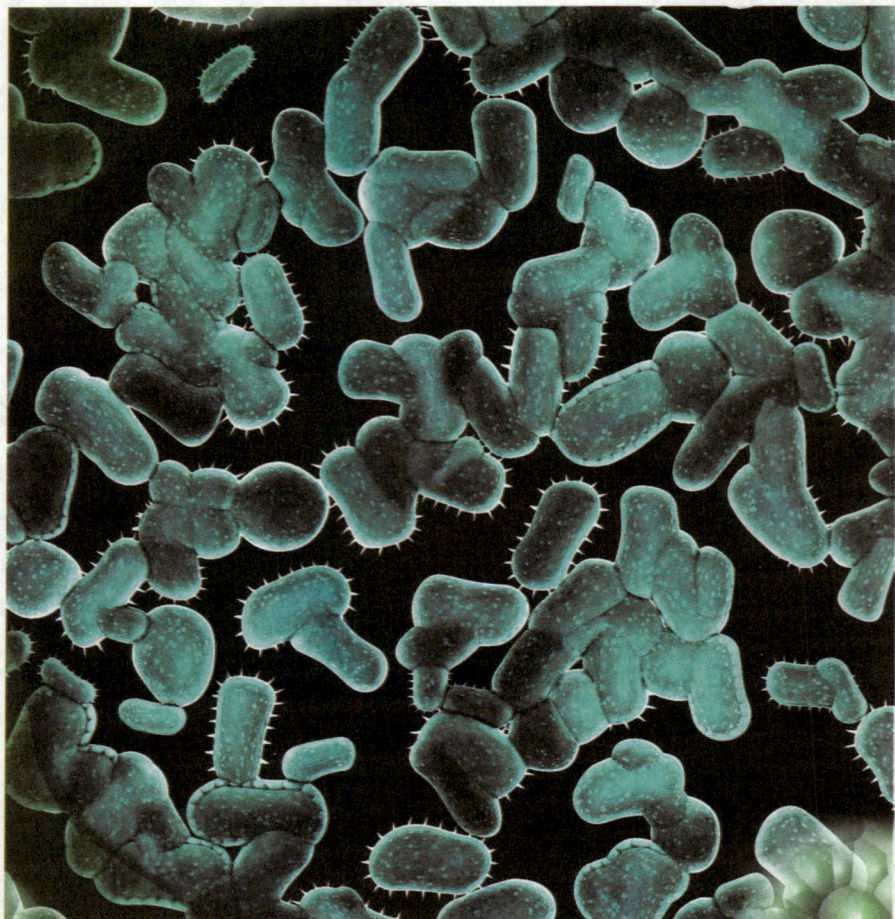

是这些碌碌无为的食客——大肠杆菌，一跃之下竟成了生产人类重要激素的能手。

　　1979年，通过基因工程手段，已经组合成一种专门生产卵清蛋白的大肠杆菌。这种蛋白原先存在于鸡的输卵管中，是各种氨基酸含量比较均衡、十分适合人类需要的营养物质，现在居然可以由细菌直接生产，这是一起意义重大的事件。可以设想，有朝一日，它将可能取代养禽业。

　　微生物具有许多独特的性状。例如固氮微生物能固定大气中的分子氮，如果将固氮微生物的基因转移到能感染多种植物的根瘤土壤杆菌中或作物根际微生物中，使这些微生物也能固氮，这就扩大了肥源。

　　如果将固氮基因直接移植到农作物中，培育出能自身固氮的作物新品种，那么，现在的许多氮肥工厂就可以转为其他工厂了。

　　微生物在基因工程中大有作为。它将为人类创造许多新的财富，它将为人类治愈一些不治之症，它也将为农业生产展示光辉的前景。

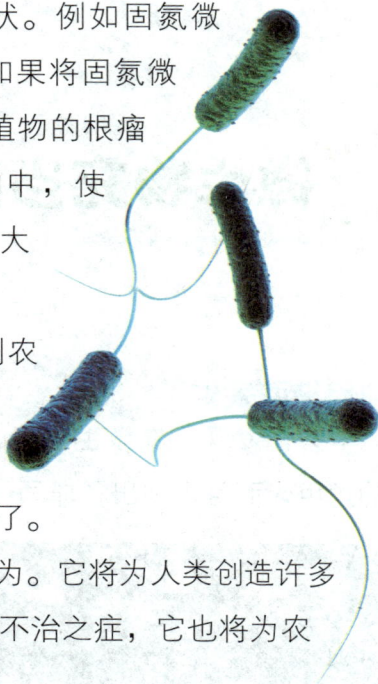

小知识大视野

　　基因工程是用人为的方法将所需要的某一供体生物的遗传物质——DNA大分子提取出来，在离体条件下用适当的工具酶进行切割后，把它与作为载体的DNA分子连接起来，然后与载体一起导入某一更易生长、繁殖的受体细胞中，以让外源物质在其中"安家落户"，进行正常的复制和生长，从而获得新物种的一种崭新技术。

微生物充当采矿工人

利用细菌采矿

科学家们发现，在微生物王国里有许多细菌可以充当"采矿工"的角色，而且表现出了非同一般的技艺，令人刮目相看。

经过几十年不断地探索努力，人们在对小不点采矿工的运用上，取得了累累硕果。

科学家们采用微生物发酵工程，人工制取了诸多的细菌浸提剂，并建立了各式各样的浸提池。将粉碎的矿石放入浸提池，再用浸提剂来喷淋，溶解矿石中的有用成分，然后，从收集到的浸提液中分离、浓缩和提纯有用的金属。这种方法被称为湿法冶金技术。

利用湿法冶金技术可以提取很多的贵重金属和稀有金属。

黄金是一种十分贵重的金属，国际上都很重视黄金资源的开发。然而，黄金分布虽广，但大部分地区含量很低，没有开采价值。

如今，科学家找到了一些嗜金细菌，这种细菌本领可不小，能把分散的金微粒乃至单独的金原子聚集起来，从而形成天然的黄金矿石。

在嗜金细菌的家族中，科学家将具有高超聚金能力的细菌另立门户——分离出来，其聚金能力达50%～60%，最高的可达80%～90%。

显然，这些小不点的嗜金细菌在黄金的开采上，异军突起，发挥出了奇效！

利用细菌报矿

有趣的是，有些细菌还能报矿呢！

譬如，某些芽孢杆菌与黄金有着特别的缘分，凭着对黄金的特殊"情感"，可以嗅出黄金的"气味"而去"拜访"。据此，科技工作者可根据细菌的分布、增殖数量等有关情况，作为探测黄金的依据。

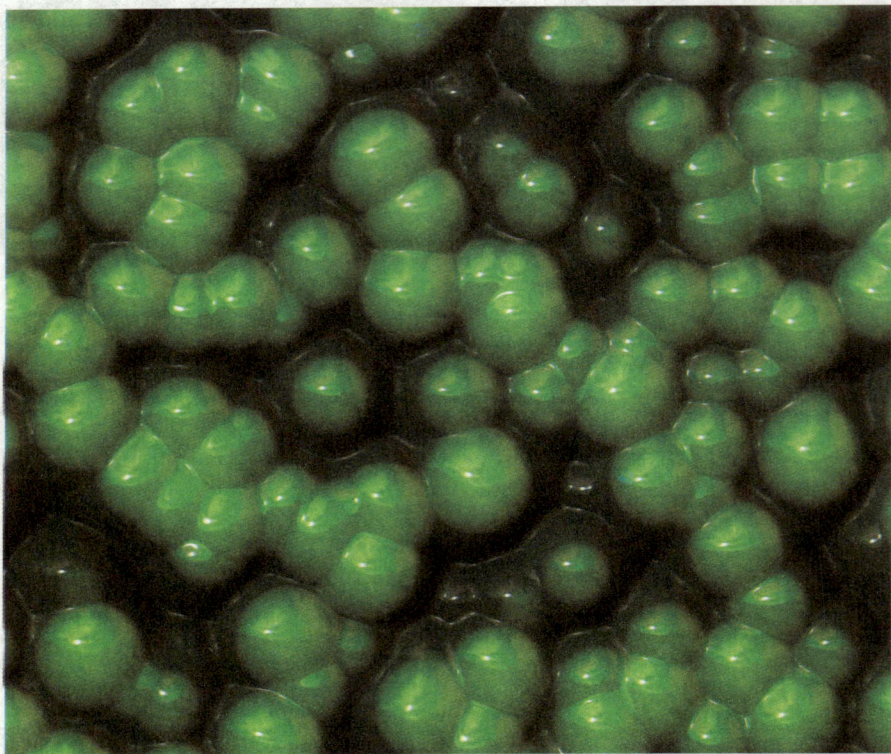

更有甚者，人们可以将这种细菌做成微生物探针，带到野外去用来标示金的潜在储量。

随着现代科学技术的发展，人类正在设想按照自己的需要，培育具有各种冶金功能的细菌。

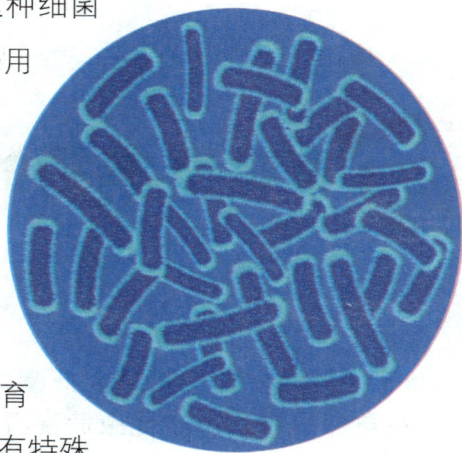

例如，科技工作者正在培育一种对黄金、白金等贵重金属有特殊亲和力的新菌种。一旦成功，就会带来喜人的变化——人们可以从废物中、海水中回收这些贵重金属。

还有，现在大多数细菌只能富集钾，如果能培育出一种可富集钠和镁的细菌"巧匠"，这将会大大简化海水和盐水淡化的工序，其意义该有多大呀！

小知识大视野

嗜金细菌在金块和沙金的形成过程中发挥着关键作用，细菌在沙金上聚集，它们首先吸收溶解状态中的重金属，然后再将其转化为毒性较小的固体状态，从而起到了微尘洗涤器的作用，嗜金细菌可以去除它们赖以生存的有毒流动金子中的毒性，并由此获得新陈代谢的能量来源。

有特殊本领的微生物

"活的杀虫剂" 苏云金杆菌

在自然界中，不少昆虫危害着树木和庄稼的根、茎、叶，有的蛀空树干，有的钻进果实中大吃大嚼。用大量的化学杀虫剂喷洒来对付它们，收到了一些效果。但由于有些昆虫产生了抗药性，杀虫剂就不很灵了，而且化学杀虫剂还引起了环境污染。

生物学家在同害虫作斗争中，发现了一种"活的杀虫剂"——微生物。有一些微生物专门袭击某些害虫，却对人畜完全无害，且不污染环境，是对付害虫的理想杀手。

法国科学家贝尔林耐在苏云金地区一家面包厂里发现了一种杆菌，定名为"苏云金杆菌"。这种杆菌是松毛虫、舞毒蛾、黏虫、红铃虫、菜青虫和玉米螟等农业害虫的"天敌"。

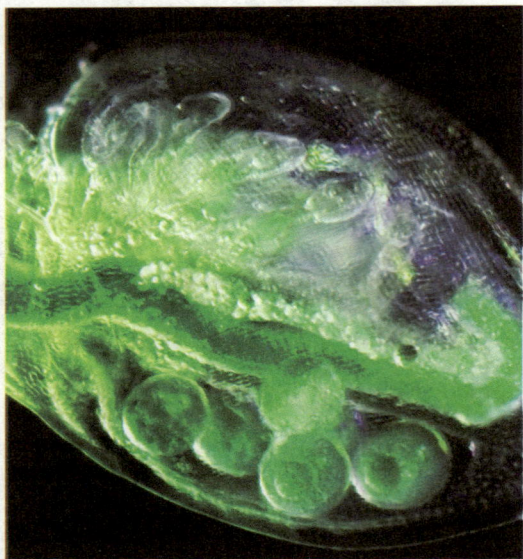

　　人们把这种杆菌剂喷洒到作物上，害虫咬食作物时，这种细菌就随着食物进入害虫体内，能产生一种蛋白质结晶毒素，使害虫的消化器官得病，不用几天，就软腐而死。

　　苏云金杆菌长得像根棍棒，矮矮胖胖，身高不到千分之五毫米。当它长到一定阶段，身体一端会形成一个卵圆形的芽孢，用来繁殖后代；另一端便产生一个菱形或近似正方形的结晶体，因为它与芽孢相伴而生，我们叫它伴孢晶体，有很强的毒性。

　　当害虫咬嚼庄稼时，同时把苏云金杆菌吃进肚去，苏云金杆菌就像孙悟空钻进铁扇公主的肚子里去一样，在害虫的肚子里大显威风。它的伴孢晶体含有的毒素可以破坏害虫的消化道，引起食欲减退，行动迟缓，呕吐，腹泻；而芽孢能通过破损的消化道进入血液，在血液中大量繁殖而造成败血症，最终使害虫一命呜呼。

苏云金杆菌的发现，为人们利用微生物消灭植物病虫害提供了美好的前景。现在，人们已经用发酵罐大规模地生产苏云金杆菌，经过过滤、干燥等过程制成粉剂或可湿剂、液剂，喷洒到庄稼上，对棉铃虫、菜青虫、青蛾、松毛虫以及玉米螟、高粱螟、三化螟等100多种害虫有不同的致病和毒杀作用。

苏云金杆菌还有独特的本领，它不像化学药剂那样，不管是害虫还是益虫统统杀死，它能分清"敌友"，对蜻蜓、螳螂、寄生蜂等益虫没有杀伤力，对人畜也没有毒害。

我国的科学家也培养出了杀螟杆菌和青虫菌。它们能有效地消灭水稻、蔬菜和棉田里的害虫，使农作物产量大增。

清除海洋污染的细菌

目前，人们正在探索活跃细菌的变种，从中不断培育出新的灭虫"健将"，为防治植物病虫害做出新的贡献。帮助清除海洋污染的细菌。

近年来，由于工业、交通的发展，大量石油产品污染物流入海洋，导致了海洋环境的污染。有人估计，每年约有1000万吨石油流入海洋，漂浮于海面，破坏了海洋生态平衡，使海洋生物大量死亡，也给人类带来了灾难性的后果。

生物科学丛书
shengwu kexue congshu

有什么办法能够清除流入海洋的石油呢？人们又想到了微生物。经过长期观察研究，生物学家发现了一种能以石油为食的海洋细菌。这种海洋细菌吃了石油，怎么不会中毒死亡呢？原来在它们体内有一种能分解石油的特殊催化剂——酶。

于是，人们让能吃石油的细菌去清除海洋中的石油。现在，生物学家成功地培育出了一种以石油为"食"的完全新型的细菌。这种"超级细菌"只要几小时就可以除去海上的浮油。

如果油船在海上遇难，所造成的石油污染将会很快被这种超

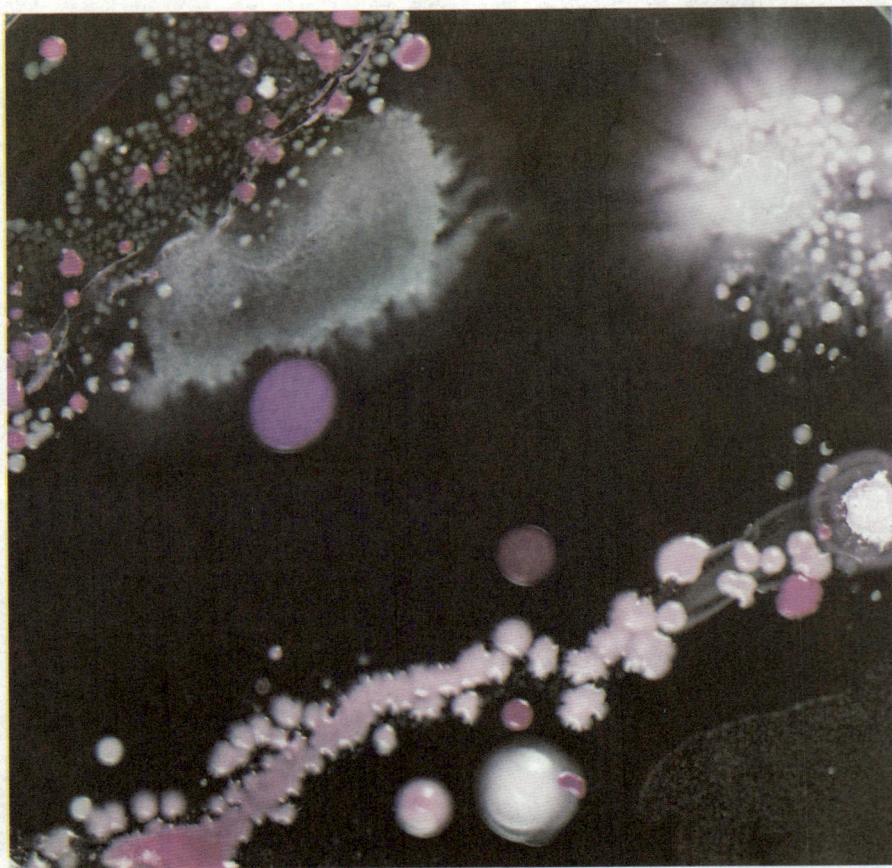

级细菌清除。

　　科学工作者还进一步设想：把能吞吃石油的细菌制成菌粉，撒在被石油污染的海域，以清除海中石油；或者模仿吞吃石油的海洋微生物及海洋细菌的机理，制造出高效化学吸附剂或净化剂，以清除海洋污染，保护海洋环境。

小知识大视野

　　在美国加利福尼亚州，科学家培植出一种转基因细菌"石油菌"，通过发酵，细菌可分泌出生物燃料，且可以直接倒入汽车油箱中使用，被誉为"可再生汽油"。这种转基因细菌仅为一只蚂蚁的几十亿分之一大小，都是单细胞微生物。这些细菌被改变基因前是工业用酵母菌或大肠杆菌的非致病性菌株。

微生物生产高蛋白粮食

用微生物生产蛋白质

生物学家告诉我们：蛋白质是生命活动的物质基础，一切动植物的体内都有蛋白质。

动植物这些显眼的"大生物"含有蛋白质，那些肉眼难见的"小不点儿"微生物，是否也应有蛋白质的成分呢？

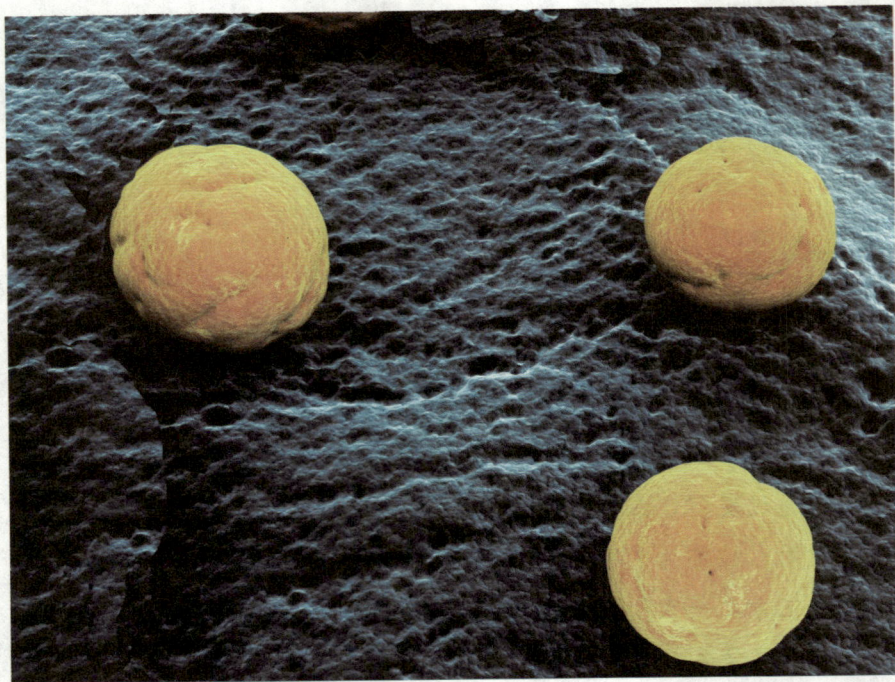

是的，微生物虽小，也有蛋白质成分。由于微生物大多是很小很小的单细胞生物，因而人们生产出来的蛋白质，叫作"单细胞蛋白"。

单细胞蛋白的营养价值很高，含有氨基酸种类齐全，不仅超过了米、面，也超了猪肉、鸡肉，还含有许多糖类、脂肪、矿物质和维生素。人体所需要的营养成分，在这里几乎是应有尽有。

既然如此，我们为什么不能像种庄稼或饲养牲畜那样，让微生物在最佳的环境中"茁壮成长"呢？如果这样，我们不就能获取大量的单细胞蛋白了吗!

是啊,科学的发现需要科学家的想象。

于是,科学家们选育出能利用某种原料的微生物,把它们接种到发酵罐里,让它们在发酵罐里施展本领,大量繁殖。然后,再经过净化、干燥、精炼,就得到了我们所需要的单细胞蛋白。

在日常生活中,发酵现象是司空见惯的。微生物能通过自己的新陈代谢,对一些物质进行分解或合成,产生另外一些物质。利用微生物的这种本领,生产人们需要的各种原料和产品,这就是微生物发酵。

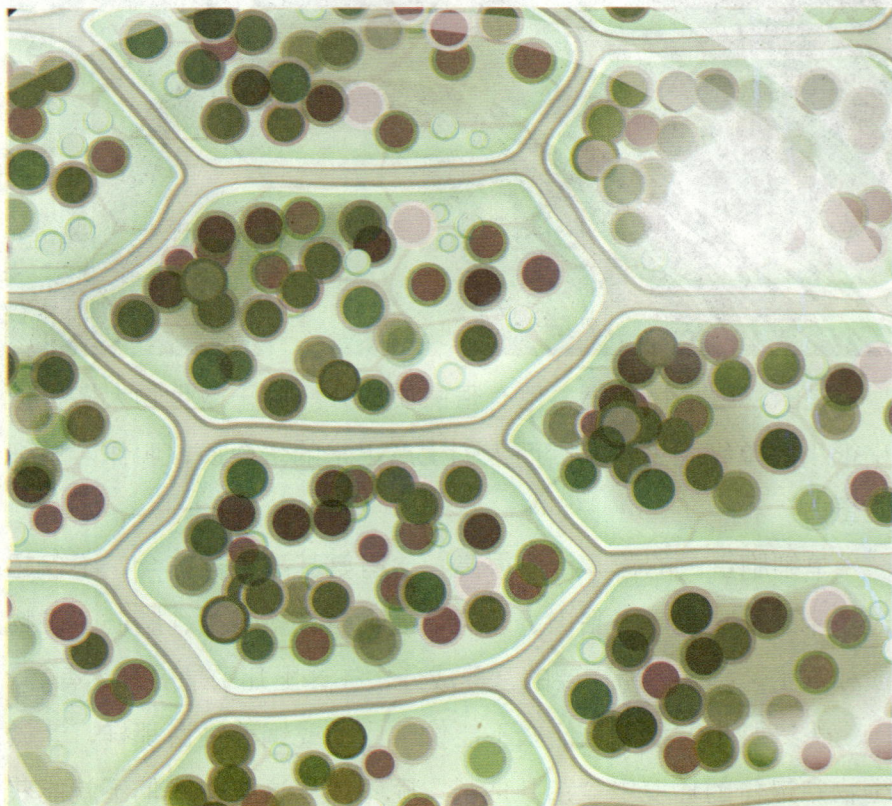

　微生物的发酵作用是在神奇的"魔术师"——酶的作用下进行的，只要是常温、常压就可以了。由于微生物种类繁多，因而能在不同的环境中形成不同的发酵产物。这些产物几乎都与我们日常生活密切相关，如，醋、甘油、味精、酒精、抗生素、维生素和微生物杀虫剂。

　种庄稼往往受季节的制约，在发酵罐里制造单细胞，就不分数九寒冬和酷暑盛夏了，只要控制好发酵罐里的温度、酸碱度和营养条件，就能源源不断地生产出单细胞蛋白来。

　微生物的繁殖速度十分惊人。就细菌来说，每隔20分钟就可以分裂一次，由1个分裂为2个，2个分裂为4个……24小时可分裂

72次，产生4.72×10^{21}个后代。

有人做过试验，在适宜的条件下，500千克重的酵母，一昼夜就能繁殖成4万千克，而同样重的一头牛，一昼夜只能增加0.24克。

研究表明：微生物发酵生产蛋白质的速度比植物快500倍，比动物快2000倍。一个细菌，一昼夜发酵生产的蛋白质等于它自身重量的30～40倍。

一亩地的大豆田，每年可收获1000多千克大豆，得到400千克的植物蛋白质。工人在工厂里利用微生物发酵生产蛋白质，一年竟能生产10万千克蛋白质。

可见，微生物生产蛋白质的效率是多么高啊！

用微生物生产蛋白质

人们在获得单细胞蛋白的同时，也在不断探索"菌源"。

前几年，科学家发现了一种氢细菌，能利用氢、二氧化碳以及含氧无机盐类作发酵原料来生产单细胞蛋白。既不与工业争原料，也不与农业争土地，是一种理想的生产食物的方法。

之后，科学家又找到一种更理想的固氮氢细菌，它能直接从空气里摄取所需要的氮素，合成我们需要的蛋白质。

目前，用经改性的禾本科原料生产"真菌肉"，在英国已实现工业化生产。加拿大进行了用一种节杆菌促进植物性食用油高产的试验。我国和日本也进行了如利用产油的假丝酵母、被胞霉等的试验，并获得了类似的结果。用微生物生产新兴食品正在崛起。随着现代科学技术的发展，人们将不断发现新"菌源"，从而生产廉价的粮食——蛋白质，为人类的生存提供更加充实、更具营养的食物。

小知识大视野

单细胞蛋白具有以下优点：第一，生产效率高，比动植物高成300-2000倍，这主要是因为微生物的生长繁殖速率快。第二，生产原料来源广，一般有以下几类：农业废物、废水，如秸秆、蔗渣、甜菜渣、木屑等含纤维素的废料及农林产品的加工废水；工业废物、废水，如食品、发酵工业中排出的含糖有机废水、亚硫酸纸浆废液等；石油、天然气及相关产品，如原油、柴油、甲烷、乙醇等；氢气、二氧化碳等废气。第三，可以工业化生产，它不仅需要的劳动力少，不受地区、季节和气候的限制，而且产量高，质量好。

能够去污脱毛的微生物

去污能手蛋白酶

自从新颖洗涤剂——加酶洗衣粉问世，人们再也不用为衣服上沾有各种污渍烦恼了，不论是血渍、汗渍或油渍、食渍，只要使用这种洗涤剂，便可洗得干干净净。

　　加酶洗衣粉这种独特的洗涤能力，来自它所含有的蛋白酶。

　　蛋白酶是至今发现的2000多种酶中的一种。我们知道，酶是一种具有非凡功能的生物催化剂，它不需要什么特殊的设备和条件，在常温常压下就能使许多复杂的化学反应迅速完成，效率比普通催化剂高出千万倍。

　　各种酶都有各自的催化对象，蛋白酶的专长是能够水解蛋白质。有人做过试验，1克胃蛋白酶在2小时内，就能溶解50千克煮熟的鸡蛋白。

　　蛋白酶和其他许多酶一样，人们首先是从动植物体内提取，然后再把它用到生产、生活中去。但是用这种方法不但成本高、产量低，而且还受到动植物来源的限制，使酶的应用大受影响。

　　直到人们发现，动植物体内的许多酶种都可以在小小的微生

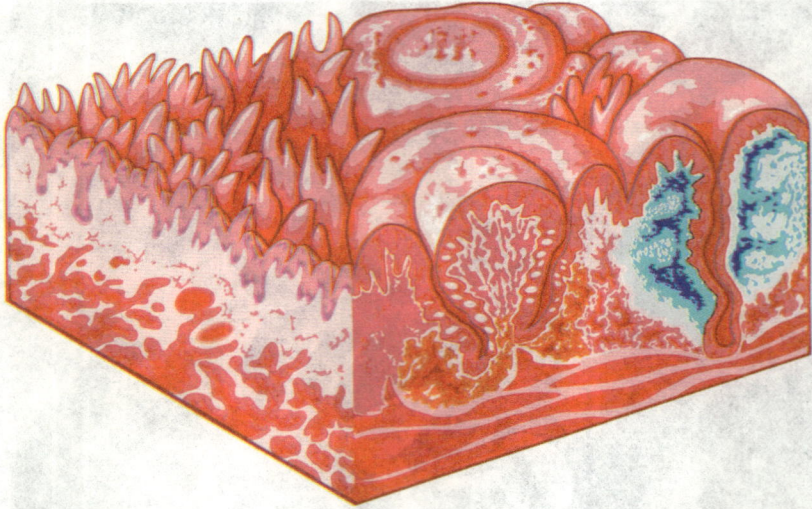

物体内找到，比如加酶洗衣粉用的蛋白酶，便是一种短小芽孢杆菌产生的。

因为微生物的特点是繁殖快，产量高，生产原料来源丰富，大量培养并不困难，当然也不受地区、季节、气候的限制，这就为酶的大规模生产和应用创造了有利条件。

能够生产蛋白酶的微生物是很多的。放线菌、细菌和霉菌等大家族中的许多成员，在生长繁殖和新陈代谢过程中都能产生蛋白酶，我们分别把它们称为放线菌蛋白酶、细菌蛋白酶和霉菌蛋白酶。

如按它们作用最适酸碱度，又可分为酸性蛋白酶、中性蛋白酶和碱性蛋白酶。

采用蛋白酶法脱毛

蛋白酶是用量最多的微生物酶之一。从工农业生产到日常生活，从医学卫生到饮料食品，到处都有它们的踪迹。

比如猪、牛、羊皮制革时，首先要除去皮上的毛，然后才能进行加工鞣制成革。过去一直沿用灰碱法脱毛，工序复杂，操作繁重，是有名的脏、累、臭行业。

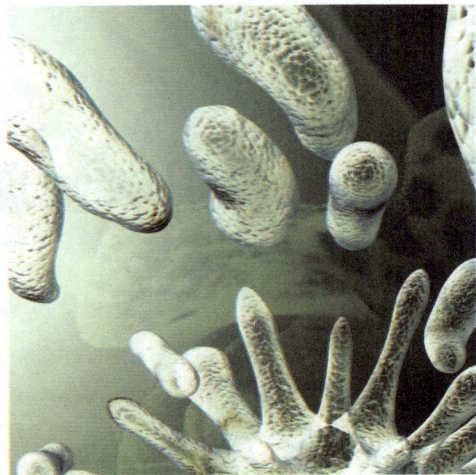

自采用酶法脱毛，只要用少量蛋白酶就能破坏毛囊，使毛脱落，大大简化了工序，改善了劳动条件，还使原来污染环境、对农作物有害的废水，变成了很好的肥料。

蛋白酶还可以除去皮纤维中的可溶性蛋白，使皮纤维进一步松散，给鞣制创造更为有利的条件。

现在，微生物为我们提供的酶已有好几十种，在很多方面取代了动植物酶制剂的生产，已成为生产酶制剂的宝库。

小知识大视野

蛋白酶广泛存在于动物内脏的消化道、植物茎叶、果实和微生物中。在植物和微生物中含量非常丰富，可以说是取之不尽用之不竭。主要由霉菌、细菌，其次由酵母、放线菌生产。由于动植物资源有限，工业上生产蛋白酶制剂主要利用枯草杆菌、栖土曲霉等微生物发酵制备。

能够提取金属的微生物

利用微生物浸矿

19世纪40年代，人们从矿山流出的酸矿水中发现有微生物存在，并且发现它们能将矿石中的金属浸出，最后分离出这种微生物，人们才逐步明白了，在用这种方法炼铜时，默默无闻的微生物担任着重要的角色。古老的方法又获新生，用微生物浸矿来提炼金属成为现代人十分关心的研究课题。

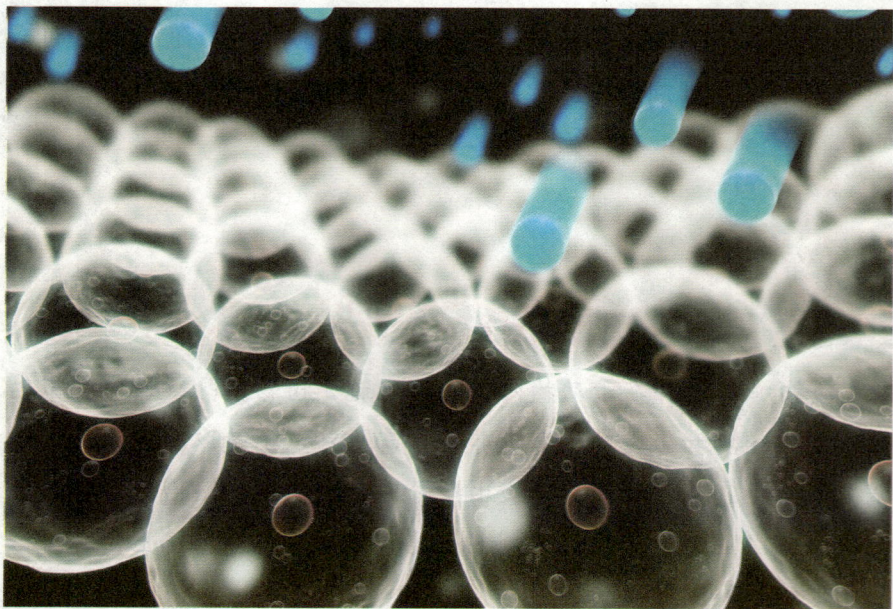

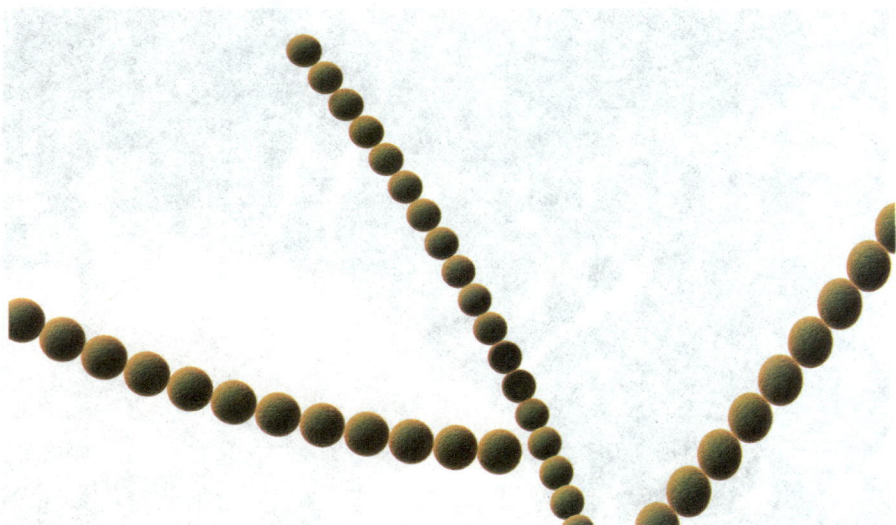

　　我国细菌浸铜的研究与实验近十余年来取得了重大进展。湖南省应用细菌浸渍由柏坊铜铀伴生矿回收铜和铀已告成功，并用于生产。湖北省大悟县芳贩铜矿进行了堆积浸出的生产实验，亦有成效。

　　微生物浸矿所用微生物主要是氧化亚铁硫杆菌。它的主要生理特征是，在酸性溶液中，将亚铁氧化成高铁，或把亚硫酸、低价硫化物氧化成硫酸，所生成的酸性硫酸高铁是金属硫化物的氧化剂，使矿石中的金属转变为硫酸盐而释放出来。

　　细菌冶金浸矿时，先将矿石收集起来堆成几十万吨的大堆，可高达100多米，用泵把细菌浸出剂、硫酸铁和硫酸喷淋到矿石表面。

　　随着浸出剂的逐步渗透，矿石堆就发生了化学反应，生成蓝色的硫酸铜溶液流到较低的池中。然后再投入铁屑把铜从溶液里置换出来。这种方法叫作堆积浸出法。

　　还有一种池浸法，它是把矿石放在池子中部的筛板上，浸出剂从上部喷淋流入下部池中，反复循环。这种方法可以提高浸出速度，提取率较高。

　　也可以把浸出剂直接由矿床的上部注入进行浸溶，这种办法更加经济，不需要开采矿石，特别是对于尾矿、贫矿更适合。如果将矿石粉和浸出剂放在同一容器内，使用空气翻动或机械搅拌，具有提取速度快、产量高的优点。

利用微生物脱硫

　　利用微生物不仅可以浸矿，还可以用来脱硫。

　　煤中含硫，直接燃烧时，含硫气体放入空气中，造成环境污染。化学脱硫方法耗能大，物理脱硫方法较化学法省钱，但煤粉有损失，利用微生物脱硫则很有潜力。

　　脱硫过程是这样的，先将煤碾碎，用稀酸进行预处理后，将煤粒与水混合。在反应器中，加以含有适当营养物的培养基，主要是硫酸铵和磷酸氢二钾，并接种适当培养的菌种，通入空气和二氧化碳（烟道气），温度控制在28℃～32℃。反应结束后，将煤与培养液分开，从培养液中回收硫。

利用微生物浸矿冶炼金属所以受到人们的重视，是因为它不需要大量复杂的设备，方法简便，成本低，特别适于开采小矿、贫矿、废弃的老矿。

但是，在目前生产中还存在着不少问题，如生产周期长、对矿石有选择性，碱性矿石就更难见效、提取率不稳定等。培养细菌需要控制一定的温度和湿度，导致冬季和寒带地区不能进行生产。人们正在设法攻克这些难关，使细菌在矿产资源开发中发挥更大的作用。

同时，人们还正在研究用微生物来提取另外一些稀有金属如镁、钼、锌、钛、钴、银等。尽管这些研究的成果应用到生产中还需要一段时间，但已不是不可捉摸的事了。微生物将成为冶金战线上一支不可低估的生力军。

小知识大视野

丝状真菌如1000克毛霉和根霉粉末可净化(pH7)含锌10毫克/升的废水5000升。在铀的处理过程中，根霉菌对铀的吸附量可高达200毫克/克干重；黄青霉不但对铀有较强的吸附能力，对铅的吸附能力也不差；霉菌对铅也有良好的吸附性能，有望成为优良的吸附剂。

能够保护环境的微生物

微生物分解细胞

在城市的旧房区，我们经常看到拆旧房的工人。在大自然的国度里，细菌也是"拆旧房的工人"，不过它们拆的不是旧房，而是动植物的尸体。它们将多细胞的动植物分解成单细胞，进一步分解成小分子还给大自然。

在那些死去的生物细胞里还残留着蛋白质、糖类、脂肪、水、无机盐和维生素六种成分。在这六种成分中，水和维生素最容易消失，也最易吸收；其次就是无机盐，很易穿透细菌的细胞膜；然而对于结构复杂而坚实的生命三要素蛋白质、糖类和脂肪等，细菌就要费点心思了。先要将它们一点一点软化，一丝一丝地分解，变成简单的小分子，然后才能重新被利用。

蛋白质的名目繁多，

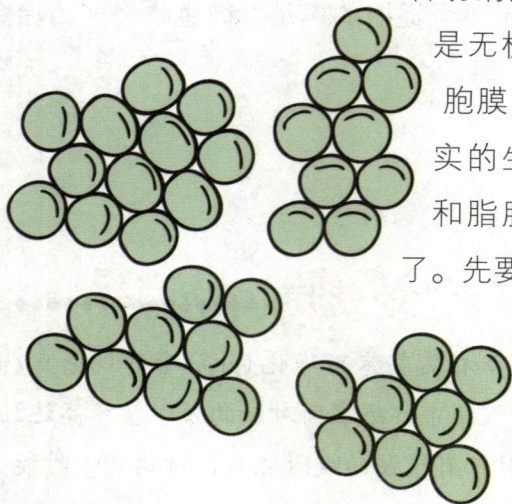

性质也各异，经过细菌的化解后，最后都变成了氨、一氧化氮、硝酸盐、硫化氢乃至二氧化碳及水。这个过程叫化腐作用，把没有生命的蛋白质化解掉，这时往往会释放出一股难闻的气味。

糖类的品种也多，结构也各不同，有纤维素、淀粉、乳糖、葡萄糖等。细菌也按部就班地将它们分解成为乳酸、醋酸、二氧化碳及水等。

对于脂肪，细菌就把它分解成甘油和脂肪酸等初级分子。

蛋白质、糖类和脂肪这些复杂的有机物都含有大量的碳链。细菌的作用就是打散这些碳链，使各元素从碳链中解脱出来，重新组合成小分子无机物。这种分解工作，使地球上一切腐败的东西，都现出原形，归还于土壤，使自然界的物质循环得以进行。

高科技带来污染

现代高科技的快速发展，的确给人类生活带来了巨大的便利，然而，也产生了一系列新的问题。

水污染便是其中之一。

在苏联，伏尔加河污染使著名的鲟鱼快要绝迹。1965年在斯维尔德洛夫市曾有人偶然把烟头丢进伊谢特河而引起了一场熊熊大火。苏联每年有100多万吨石油产品和20万吨沥青及硫酸排放入里海，使丰产的梭子鱼几乎绝迹。

在美国，被称为"河流之父"的密西西比河，污染使许多鱼鸟绝迹，港湾荒芜。盛产水生生物的安大略湖也被污染得享有"毒湖"之称。海洋的污染使美国8％的海域中的鱼贝类不能再食用。

在日本，港湾的污染使特产的樱虾、鲈鱼已经断子绝孙。九州鹿儿岛的猫因为吃了富含汞的鱼类、贝类而像发疯一样惊慌不安，跳入大海，有"狂猫跳海"的奇闻。

在我国，由于受工业废水、生活污水、粪便、农药化肥等污染，国内的523条重要河流中，现已有436条受到严重污染，湖泊和水库的80％左右也被列为污染之列。

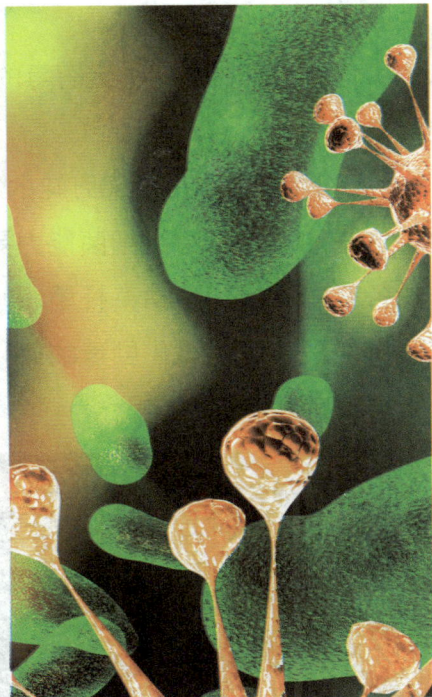

浊浪滔滔，江河湖泊在呻吟，人们费了不少脑筋和精力，投入了大量的人力、物力、财力来解除水污染。

微生物净化污水

目前，废水处理有物理方法、化学方法和生物方法，而用微生物处理废水的生物方法以效率高、成本低受到了广泛关注。

能除掉毒物的微生物主要是细菌、霉菌、酵母菌和一些原生动物。它们能把水中的有机物变成简单的无机物，通过生长繁殖活动使污水净化。

有种芽孢杆菌能把酚类物质转变成醋酸吸收利用，除酚率可以达到99％；一种耐汞菌通过人工培养可将废水中的汞吸收到菌体中，改变条件后，菌体又将汞释放到空气中，用活性炭就可以回收。

有的微生物能把稳定有毒的DDT转变成溶解于水的物质而解除毒性。

每年在运输中有150万吨的原油流入世界水域使海洋污染，清除这些油类，真菌比细菌能力更强。在去毒净化中，不同的微生物各有"高招"！枯草杆菌、马铃薯杆菌能清除体内酰胺；溶胶假单孢杆菌可以氧化剧毒的氰化物；红色酵母菌和蛇皮癣菌对聚氯联苯有分解能力。

用微生物处理废水常用生物膜法。所有的污水处理装置都有固定的滤料介质如碎石、煤渣及塑料等，在滤料介质的表面覆盖着一层由各类微生物组成的黏状物称为生物膜。

生物膜主要是由细菌菌胶团和大量真菌菌丝组成，在表面还栖息着很多原生动物。当污水通过滤料表面时，生物膜大量地吸附水中各种有机物，同时膜上的微生物群利用溶解氧将有机物分解，产生可溶性无机物随水流走，产生的二氧化碳和氢气等释放到大气中，使污水得到净化。

还有一种活性污泥法。所谓活性污泥是由能形成菌胶团的细菌和原生动物为主组成的微生物类群，及它们所吸附的有机的和无机悬浮物凝聚而成的棕色的絮状泥粒，它对有机物具有很强的吸附力和氧化分解能力。

利用微生物净化污水虽然取得了可喜的成就，但在提高工作效益方面还有不少工作要做，因此还不能广泛应用于消除污染。

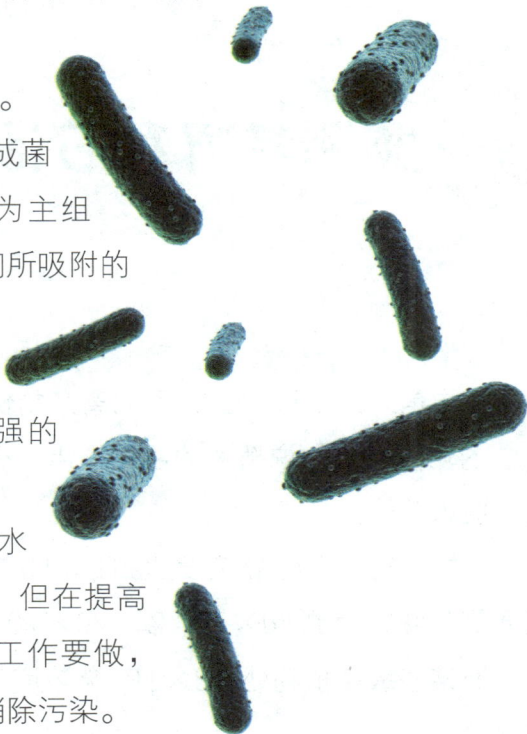

小知识大视野

污水的生物处理就是以污水中的混合微生物群体作为工作主体，对污水中的各种有机污染物进行吸收、转化，同时通过扩散、吸附、凝聚、氧化分解、沉淀等作用，以去除水中的污染物。因此，污水生物处理实际上是水体自净的强化，不同的是，在去除了污水中的污染物后，必须将微生物从水中分离出来，这种分离主要是通过微生物本身的絮凝和原生动物、轮虫等的吞食作用完成的。

监测毒气和石油的微生物

微生物监测毒气

植物是人类不可缺少、不能离开的伙伴，而且它们还有一些奇妙的功能，比如说植物的监测作用。有些植物对大气污染的反应要比人敏感得多。

例如，在二氧化硫浓度达到$1×10^{-4}$％～$5×10^{-4}$％时，人才能闻到气味，达到$10×10^{-3}$％～$20×10^{-3}$％时，人才会咳嗽、流泪，而某些敏感植物处在$3×10^{-5}$％浓度下几小时，就会出现受害症状。

有些有毒气体毒性很大（如有机氟），但无色无臭，人们不易发现，某些植物却能及时做出反应。

因此，利用某些对有毒气体特别敏感的植物（称为指示植物或监测植物）来监测有毒气体的浓度，指示环境污染程度，是一种既可靠又经济的方法。

如利用紫花苜蓿、菠菜、胡萝卜、地衣监测二氧化硫，唐菖蒲、郁金香、杏、葡萄、大蒜监测氟化氢，矮牵牛、烟草、美洲五针松监测光化学烟雾，棉花监测乙烯，女贞监测汞，都是行之有效的好方法。

美丽可爱的植物具有如此奇妙的功能，那么微生物呢？

二氧化硫是一种有毒的气体，它能引起人的哮喘病、肺水肿，当浓度高时人会窒息而死。一些工厂排出的废烟中常含有它，它是造成空气污染的主要物质，在美国、英国、日本发生的几次严重的大气污染事件无不与二氧化硫有关。

因此，准确报告空气中的二氧化硫的浓度是一件很重要的工作。

真菌和藻类的共生体地衣对少量的二氧化硫十分敏感，通过人工培养地衣的生长情况，就能很方便地判断空气污染的情况。

利用海洋中的发光细菌也能探测大气中的毒气存在。判断水的污染程度对工农业生产和日常生活都是非常必要的。

有一种两端都长有鞭毛的迂回螺菌，它在污水中便失去了运动性，培养它们来检验污水是很灵敏的。

噬细菌、蛭弧菌、乳节水霉都能作为污水的示菌。有种短柄毒霉对有毒的砷化合物高度敏感，物料中含百分之几的三氧化二砷它也能够测出来。

微生物勘测石油

石油是重要的燃料，在国民经济中起着极其重要的作用。石油都埋在地下很深的地方，为了开采它，人们还得先进行勘探，看它藏在哪块地的下边。勘探时需要打井钻眼，把地下的土样拿来化验。这都需要大量的人力和物力。

随着人们对微生物的了解，利用很简单的培养微生物的方法也能找出石油的藏身之地。原来油田虽然在地下，但油层中有许多烃类物质由于扩散作用能渗透到地壳表面，这就露出了油田的

蛛丝马迹。

　　这些烃类是一些微生物的好食品，烃类越多它们繁殖越快。这时只要从地面找出这些微生物，经过人工培养并测定它们的数量就可以得知这块地下有无油田。1957年国际上用微生物法勘探了16个地区，发现10个地区有油田矿藏。

小知识大视野

　　能够降解（氧化）石油烃，或以石油烃为其碳源的微生物称为烃类微生物。截止到1983年，已发现有75个属的微生物能够直接降解（或辅氧化）一种或多种石油烃，其中细菌39属、真菌19属、酵母菌17属。烃类微生物广泛分布于海洋的各个角落，但其种类和数量，则因时间、地点和环境条件的不同有较大的差异。烃类微生物的菌量往往可以反映环境受油污的情况。

夺人性命的毒菌

横行中世纪的麦角菌

在真菌家族中有一个"不肖子孙"，叫麦角菌。它曾在中世纪的欧洲横行了几个世纪，使大批孕妇流产，一次又一次地夺去了数以万计人的生命。开始人们还以为是什么恶魔在作怪，后来经过长期研究，才知道这个恶魔原来就是麦角菌。

麦角菌属于一种子囊菌，最喜寄生在黑麦、大麦等禾本科植

物的子房里，发育形成坚硬、褐至黑色的角状菌核，人们把它叫做麦角。当人们吃了含有麦角的面粉后，便会中毒发病，开始四肢和肌肉抽筋，接着手足、乳房、牙齿感到麻木，然后这些部位的肌肉逐渐溃烂剥落，直至死亡，其状惨不忍睹。

人们把这种病称为麦角病。家畜吃了感染麦角菌的禾本科牧草，也会引起严重的中毒。

麦角病一度成为人、畜的大害，被称为中世纪的恶魔。但是，正像许多传染病菌一样，一旦人们认识和掌握了它们的特性，就有可能把坏事变成好事。到18世纪，随着面粉工业的改进和发展，除去了混在小麦中的麦角，麦角病便得到了控制。

不仅如此，人们还发现麦角中含有一种生物碱，有促进血管收缩、肌肉痉挛、麻痹神经的作用，可以制成有效的止血剂和强烈的流产剂，成为妇产科疗效很好的药剂。

这一来，麦角菌这个真菌家族中的"不肖子孙"，也改恶从善，变成了人类的有用之物。

杀人不见血的肉毒梭菌

新疆西北部察布查尔县的锡伯族人，每年春天常因吃自制的"米松糊糊"（一种类似甜面酱的食品)而患病死去。据研究，这是因为生的"米松糊糊"中暗藏了大量的肉毒梭菌。

这些暗中杀手一面迅速繁殖，一面向外施放极毒的肉毒毒素。这种毒素的纯制品只要有一小粒芝麻那么重，就能杀死2000万只小白鼠，人们认为肉毒毒素是目前最毒的毒药。

肉毒梭菌在有氧的环境下不能存活，常常出现在未经妥善消

毒的肉食罐头或放置时间过长的肉制品、海味品中。

吃了这类食品，便会出现恶心，呕吐，接着出现疲乏、头痛、头晕，视力模糊，复视；喉黏膜发干，感到喉部紧缩，继而吞咽和说话困难；全身肌肉虚弱无力，直至危及生命。

因此，不合卫生标准或过期的肉食罐头和肉制品、海味品绝不能再吃，以免中毒。肉毒梭菌的芽孢在中性条件下需要加热煮沸8个小时才能被杀死，可见其生命力极强，人们对它应引起高度警惕。

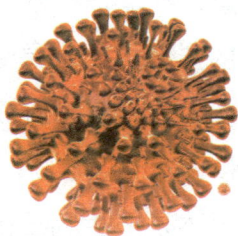

小知识大视野

很多传染病是由细菌引起的，人们一直对此毫无办法。直到19世纪中期，法国微生物学家巴斯德经过反复研究，发现温度在62℃时加热30分钟，可以杀灭物质中不耐高温的细菌等微生物。人们至今还在使用这种方法消灭酒中的杂菌。为了纪念这位微生物学家，人们把这种消毒方法称为巴氏德消毒法。

制造瘟疫的病菌

"当代瘟疫" 艾滋病病毒

20世纪80年代初期，在美洲、欧洲、非洲、大洋洲等国家和地区，出现了一种新的疾病，这就是令人恐怖的艾滋病。艾滋病扩展的速度很快，死亡率极高，目前正向世界各地蔓延，有人把它称为"当代瘟疫"和"超级癌症"。

引起艾滋病的病原体是微生物王国中的一种逆转录病毒，现在人们把它叫作人类免疫缺陷病毒。

　　艾滋病主要通过性接触、输入污染病毒的血液和血液制剂、共用艾滋病患者用过而未经消毒的针头和注射器等传播，受病毒感染的孕妇也可以通过胎盘血液传染给胎儿。

　　当艾滋病的病毒进入人体后，可以静静地潜伏在人体内多年而不发作。它的主要危害是破坏人体免疫系统，使病人无法抵抗感染的疾病而致死。还可以发生少见的恶性肿瘤，如多发性出血性肉瘤而导致死亡。

　　由于艾滋病这一严重威胁人类生存的疾病，在很多国家相继出现，已在全世界范围内形成一种艾滋病恐怖征。很多报道过分地渲染了艾滋病的可怕性，这更增加了艾滋病的恐怖气氛。其实，艾滋病有明显的高危人群，已经知道了传染途径，这种病是可以预防的。

　　预防艾滋病，要做很多工作，不过对我们青少年来说，主要是加强社会主义精神文明建设，树立和发扬社会主义道德风尚，提倡文明、健康、科学的生活方式。这样，艾滋病这个当代瘟神，就无法在我国的大地上横行。

猖獗肆行的流感病毒

流行性感冒是世界上最猖獗的传染病，曾多次席卷全球，给人类带来巨大灾难。仅仅在1957年的一次流感大传播中，全世界共有15亿人发病，数以万计的老人和小孩被折磨致死。

引起流行性感冒的病毒叫流行性感冒病毒，简称流感病毒。流感病毒有球状或长形两种形状。它们能侵害人类、马、猪和一些鸟。

流感病毒之所以如此猖獗肆行，是因为它们能够不断地发生变异，每一两年就会改变一下，令人防不胜防。

像1957年的大传染是由亚洲型流感病毒引起的；1968年从香港席卷全球的流感是香港型流感病毒；1973年在澳大利亚和新西兰发生的大规模流感是甲型流感病毒的新毒株——澳大利亚型流

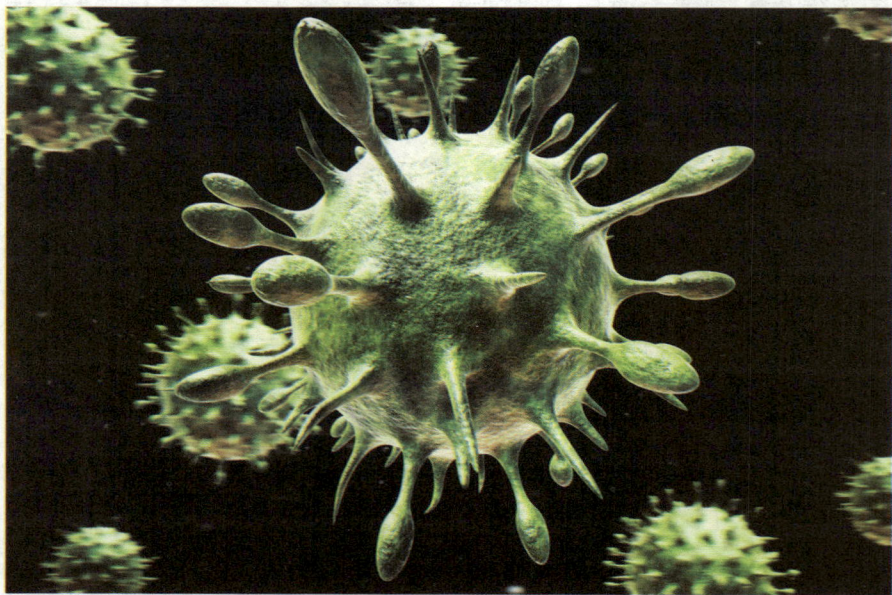

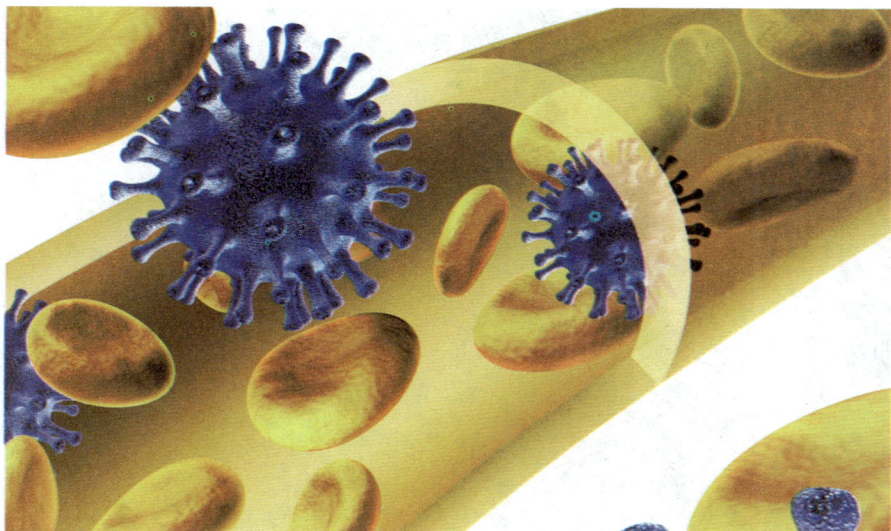

感病毒。目前所知，众多能引起流感的病毒每种又可分为若干型和亚型，其中仅鼻病毒就有100多个不同的型。

近30年来，大约每10年流感病毒就发生一次变异，这使已经获得免疫力的人因经不住新型流感病毒的进攻而生病。流感病毒的这种变异特性为预防和治疗流行性感冒带来了巨大困难。不过，现在科学家已采取了主动，不仅有了广泛的预防措施，就算一旦发现病毒新变种，也能很快地制成药物治疗，所以流感病毒也不是那么容易作威作福了。

危害四方的肝炎病毒

肝炎病毒是引发甲型、乙型和非甲非乙型病毒性肝炎的主要元凶。根据引发肝炎的类型，肝炎病毒大致可分为甲肝病毒和乙肝病毒。

甲肝病毒常随不干净的食物被人们"吃"进肚里，然后危及肝脏，侵害全身。由于人们在日常生活中要大量接触各种物品，

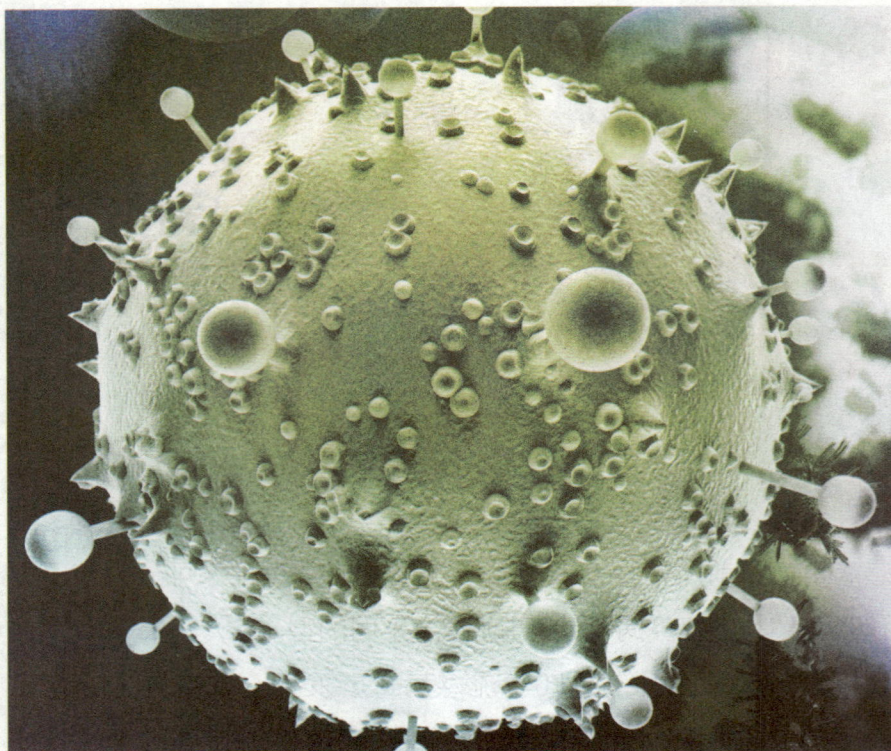

如果在饮食上不讲究卫生，就很容易得甲型肝炎。

1987年底到1988年上半年间，我国上海地区甲型肝炎大流行，就是因为食用了带有肝炎病毒的不洁毛蚶。甲型肝炎发病突然，传染面广，但容易医治，而且大部分成年人或得过甲型肝炎的人都具有抵抗甲肝病毒的免疫力。因为甲肝病毒在100℃，持续5分钟的环境下不能生存，所以，经常沸煮碗筷是家庭中消灭甲肝病毒的好办法。

乙肝病毒非常顽固，患病后往往长期不能痊愈，而且慢性乙型肝炎还有可能转为肝癌。乙肝病毒能在高温、低温、干燥和紫外线照射等条件下存活很长时间，这给预防和治疗乙型肝炎带来了很大困难。

目前国内外还缺少控制乙肝病毒的特效药，主要是针对它的传播途径加强预防措施，如献血员不能携带乙肝病毒；医院最好使用一次性注射器具；妇女在怀孕前要检查身体，如果发现得了乙型肝炎必须待痊愈后才能怀孕。

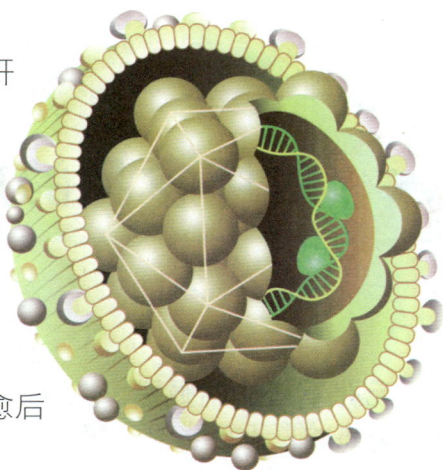

人们对引发非甲非乙型肝炎的病毒还没有取得足够的认识，但已经确认：非甲非乙型肝炎与甲肝病毒和乙肝病毒无关。非甲非乙型肝炎的死亡率较高，这种肝炎病毒主要是通过输血和注射得以传播。

小知识大视野

病毒同所有生物一样，具有遗传、变异、进化的能力，是一种体积非常微小，结构极其简单的生命形式，病毒有高度的寄生性，完全依赖宿主细胞的能量和代谢系统，获取生命活动所需的物质和能量，离开宿主细胞，它只是一个大化学分子，可制成蛋白质结晶，为一个非生命体，遇到宿主细胞它会通过吸附、进入、复制、装配、释放子代病毒而显示典型的生命体特征，所以病毒是介于生物与非生物的一种原始的生命体。

败坏食品的腐败菌

无孔不入的腐败菌

炎热的夏天，水果、蔬菜、鱼肉或米饭等食物，如果保存得不好，很快就会变质、腐败。这种现象，我们通常称为"坏"了或"馊"了。

　　大家知道，食物的败坏，主要是由于微生物中的腐败菌、病菌捣乱的结果。愈是营养价值高的食品，它们就越爱钻营繁衍。许多味美可口的菜肴和食物，一经腐败菌和病菌光顾，不消几天甚至几小时，就会变酸变质，毒素孳生，人吃了就会中毒生病，严重的还会危及生命。

　　长期以来，人们为了保存食物、防止腐败找出了许多办法。例如，新鲜水果用糖或蜜加工成果脯蜜饯；新鲜鱼、肉、蛋用盐腌制成咸鱼、咸肉、咸蛋；蔬菜、笋、鱼等晒成干菜、笋干、鱼干、干菜等，这些都是常用的防腐办法。还有用低温冷藏，化学药品防腐等。

然而，尽管人们想方设法来消灭和防御病菌，狡猾的病菌总要钻空子，找我们的麻烦。直到人们发现抗生素有防止腐败、抗击病菌的优越性能，病菌才开始变得驯服起来。

腐败菌的克星抗生素

抗生素之所以能延长食品的保存期限，主要在于它能干扰或阻碍病菌正常的新陈代谢，使病菌不能进行正常的生命活动，不能生长和繁殖。抗生素溶解在水里后，接触到食物体表面或透到组织里去，形成一层保护膜，腐败菌或病菌一旦沾上，就会立即被抗生素的精良武器所击败。

而且，使用抗生素保存蔬菜、水果等食品，对于食物的色、香、味和维生素等营养成分的保持，都比采用腌制法和加热消毒法优越得多，所以抗生素是一种理想的保护剂。

在日常生活中，对付腐败菌和病菌侵害、预防食物中毒的办法，就是要加强食品卫生管理，注意饮食卫生，不吃腐、馊、变

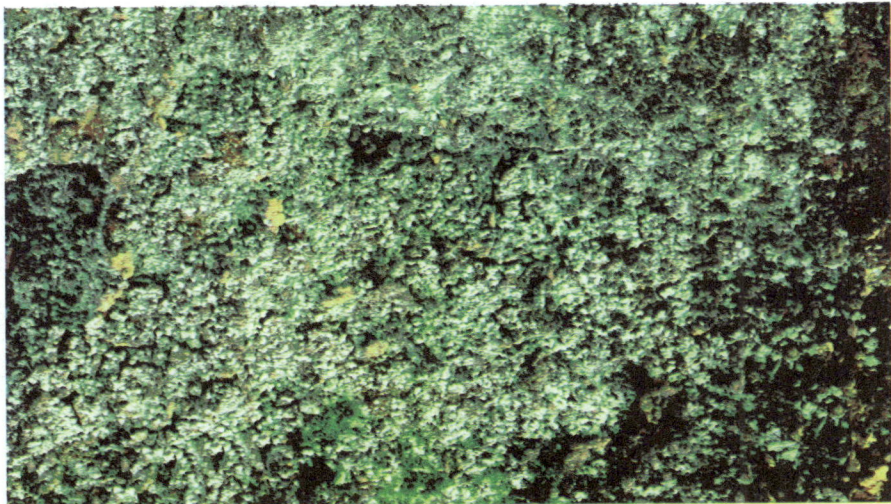

质食物和不洁瓜果，防止生熟食物交叉污染。

鱼、肉、海产品等要充分煮熟，隔餐食物要加热煮沸。发酵食品必须蒸煮、炒透再吃。罐头出现膨胀或色、香、味有改变时都不能再吃。

小知识大视野

腐败细菌一般是不太活动的。它们在空气中以及在有生命或无生命的物体表面，常呈现芽孢状态。芽孢的形态与黑熊和青蛙冬眠的状态相似。腐败细菌在适宜条件下，其坚硬的保护外膜破裂，开始吸收养料和生长。这种依赖死亡植物和动物组织吸收养料，并把它们分解为原来的元素和化合物的过程，称为腐烂。通常伴随着腐烂而产生的，还有一种讨厌的气味，这是死亡物体在分解过程中散发出来的。

噬菌如命的噬菌体

噬菌体的巨大危害

噬菌体是一种能"吃"细菌和细菌病毒的，凡有细菌的地方，都有它们的行踪。噬菌体是所有细菌发酵工厂的大敌，因为它们能把培养液中的有益菌体几乎全部吃光，造成巨大损失。

大部分噬菌体长得像小蝌蚪。在自然环境条件下，它们只能侵染细菌和一些原生生物，而不能侵染高等动物和植物。

噬菌体的脾气并不都一样。烈性噬菌体侵入细菌后，马上进行营养繁殖，直到使细菌细胞裂解方才善罢甘休。而温和性噬菌体进入细菌细胞内先"潜伏"下来，不但不损伤寄主细胞，反而

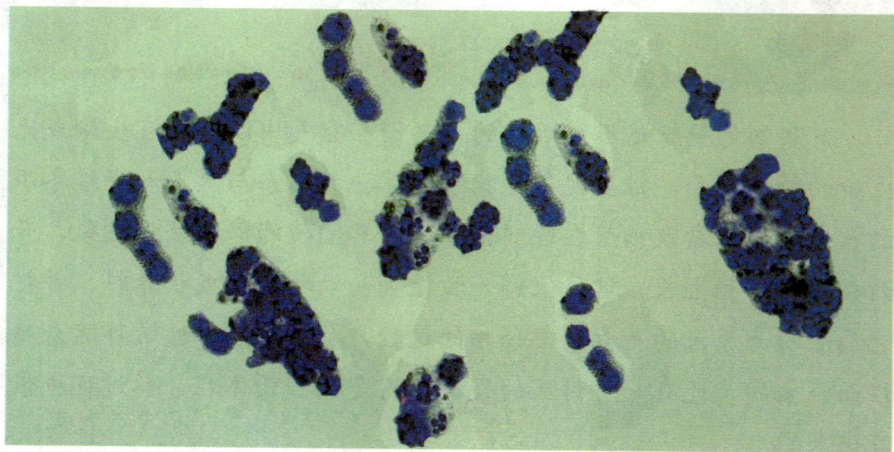

和寄主的基因组同步复制等待时机。如果受到外界因素的刺激，比如受到辐射，那么，潜伏的噬菌体会毫不犹豫地"冲"出寄主细胞，从而导致细菌死亡。

噬菌体的培养利用

噬菌体往往都有各自固定的"食谱"。像专爱"吃"乳酸杆菌的噬菌体和专"吃"水稻白叶枯细菌的噬菌体等。根据这一特性，科学家可以从细菌的分布中大致判断出噬菌体的分布情况。

噬菌体虽然给人类造成过严重损失，但是人们还是巧妙地利用了噬菌体噬菌如命的特点，让它们为人类服务。医生们已经成功地把噬菌体请来治疗烫伤和烧伤。因为在烧伤病人的皮肤上很容易繁殖绿脓杆菌，这正好可以满足绿脓杆菌噬菌体的"饱餐"要求。这种治疗方法已经取得了良好的效果。由于噬菌体具有取材容易，培养方便，生长迅速，食性专一等特点，生物学家常常利用它们来进行核酸的复制、转录、重组等基础理论研究工作。

小知识大视野

噬菌体是感染细菌、真菌、放线菌或螺旋体等微生物的细菌病毒的总称，作为病毒的一种，噬菌体具有病毒特有的一些特性：个体微小，不具有完整细胞结构，只含有单一核酸。噬菌体基因组含有许多个基因，但所有已知的噬菌体都是在细菌细胞中利用细菌的核糖体、蛋白质合成时所需的各种因子、各种氨基酸和能量产生系统来实现其自身的生长和增殖。

人类社会的"隐形"杀手

微生物的破坏作用

微生物给人们带来益处，也造成危害。人们利用微生物酿酒，生产柠檬酸，制造抗生素和酶制剂等。然而微生物也有有害的一面，人、动物和植物的大部分疾病，以及工业、商业、

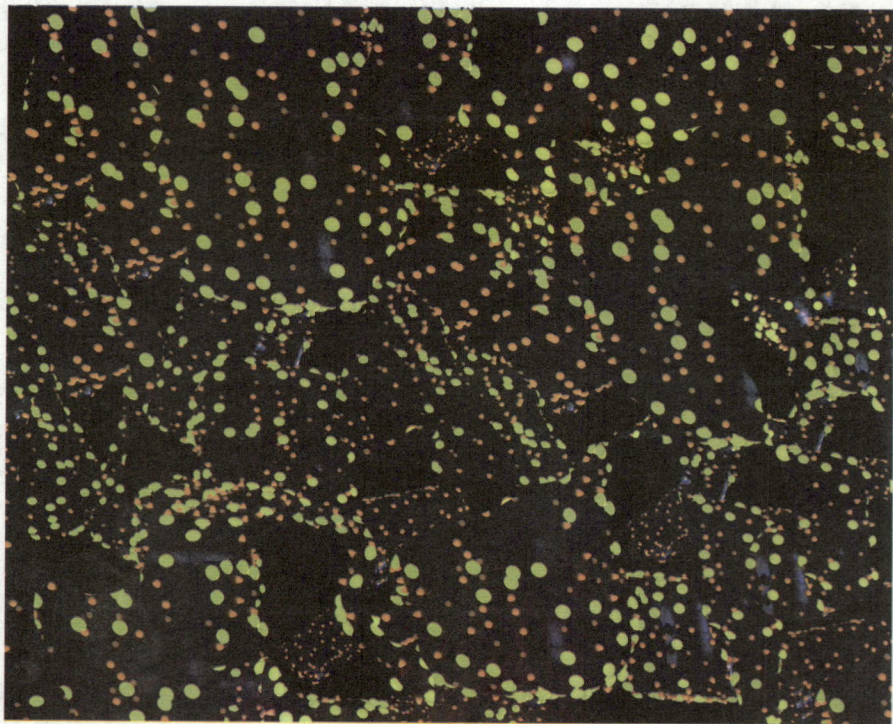

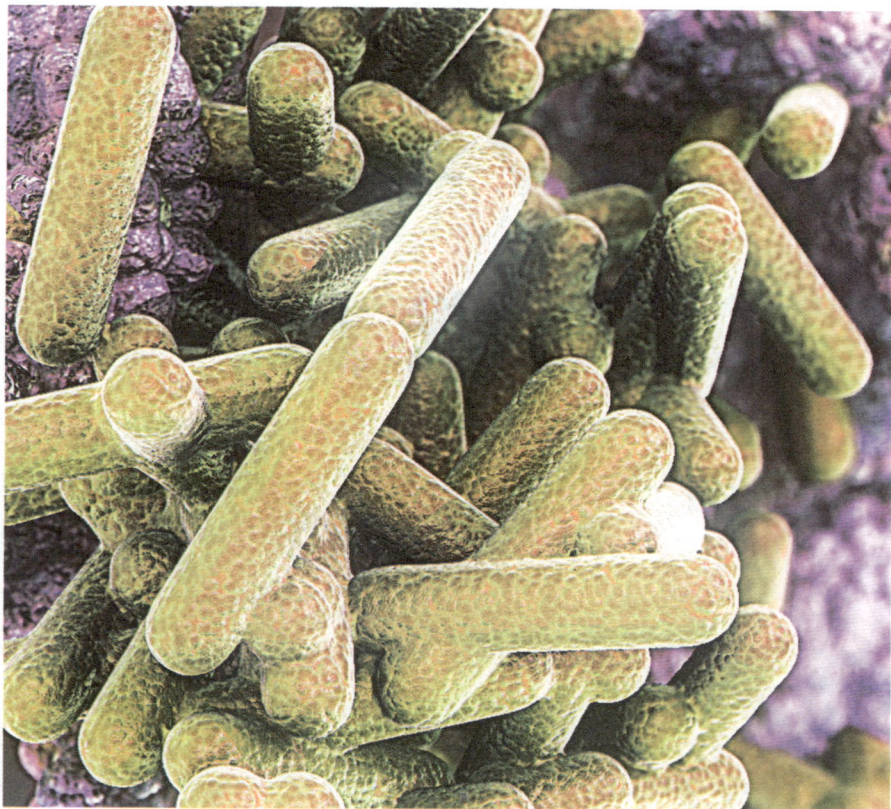

外贸等部门的许多材料和制品的霉变、腐蚀、受损，都是微生物造成的。

这里，我们先来谈谈微生物的破坏作用。

在银行，计算机电子回路的增强塑料表面繁殖了霉菌，会导致计算机发生故障，业务出现差错。

不论哪里的银行，尽管它建筑豪华、设施齐全，但由于每天有许多人进出，室内的微生物污染都十分严重。如果对室内空气中浮游的微生物进行一次测量，就会发现微生物的数量会出乎意料的多，其中还能分离出致癌性菌株黄曲霉和变色曲霉。

　　引起室内空气中微生物增加的原因很多，但值得注意的是进出银行的各个方面的人，他们将从毛发、衣着、手、物品中散布出微生物来。同时，黏附在纸币上的霉菌和细菌也会引起第二次污染。试验已经证明，在用纤维材料制作的纸张、地毯和木材上，有许多致病菌存在着。

　　这种令人忧虑的微生物污染状况除了银行之外，医院、饭店、写字楼、超市、街道、地下铁路和公共汽车等的内部也存在着严重的问题。特别是在医院中，每天病人云集，交叉感染时常发生。进入医院是为了治疗疾病，但医院又是可怕的微生物感染地，这对于一般人是想象不到的。

对于以木质结构为主的住房，在下雨期间，由于木材吸湿，天花板和墙壁返潮，霉菌容易生长，但一当天气转好，随着水分蒸发，木材逐渐干燥，霉菌的生长就会受到抑制甚至死亡。

然而，在混凝土结构的公寓和公共住宅内部，情况就完全不同，特别是暖气的普遍使用，即使在冬天，房内也是温暖如春，而塑钢窗户又排不出水分，所以处于冷态的混凝土靠北边的墙壁就容易因冷返潮，砂质墙壁容易在一面形成栅网状的霉菌巢穴。

人们可以看到各种住宅都有霉菌旺盛生长的现象，不生长霉菌的地方，恐怕是没有的。容易生长霉菌的是浴室、盥洗室、厕所、厨房等用水的地方。

就是不用水的地方，靠北面的墙壁，因为遇冷返潮，也会像乙烯塑料那样容易成为霉菌生长的巢穴，使房间里都充满了霉臭的气味。当霉菌形成巢穴时，每1平方厘米的霉菌孢子数可达10亿～15亿个。

人们往往认为经过速冻处理，并在冰冻状态下做低温保存的食品中不含有微生物的存在。然而事实并非如此，因为一般地讲，大肠杆菌和病源菌在-20℃以下的低温也不会完全死灭。

例如，结核菌和大肠杆菌即使将它们暴露在−193℃和−225℃的低温下也会出现不致死的结果。

今天冷冻食品的制造技术虽然能够将食品的味道和鲜度、营养价值和色质等良好地保持在令人相当满意的程度，但与此同时也保存了与材料共同存在的微生物。

在大城市的超级市场和百货商店的食品商场里买来的家庭用冷冻食品，每1克的大肠杆菌含量可达到20000个。另外，大型工厂中50％的食品受大肠杆菌污染的事件也经常发生。

微生物夺取人类生命

尽管微生物造成的危害很多，但人类是有办法的。我们必须正确合理地使用安全性高的药物，同时确立最有效的防治微生物

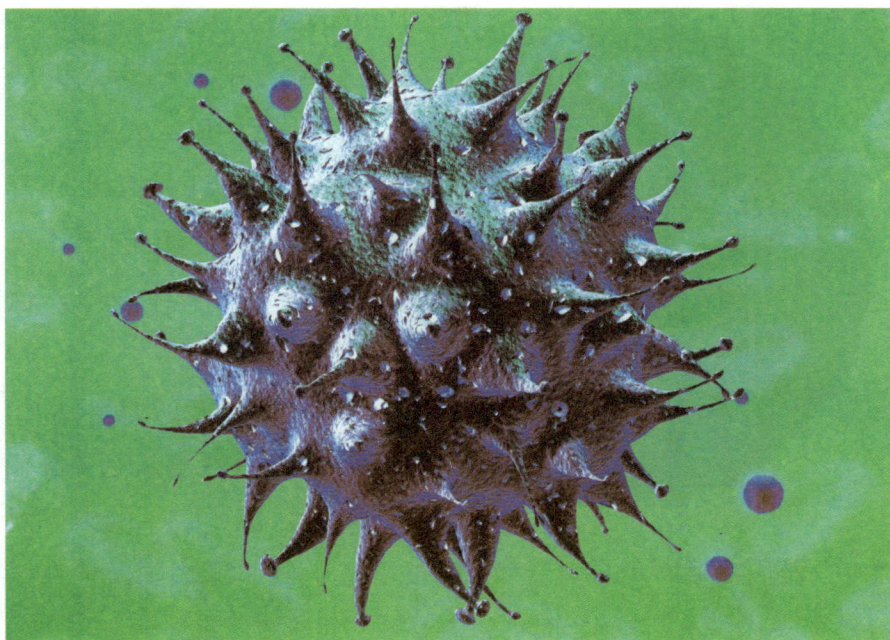

污染的技术。1875年，麻疹在费德希岛横行无阻，短时间内使这个小小的岛国突然增加了4000多座坟墓，死了全岛人的1/3以上。杀人的凶手是"麻疹病毒"。

1918年间，流行性感冒全世界大流行，夺去了2000万人的生命，超过了在第一次世界大战中死亡的人数。

流行性感冒是由病毒引起的疾病。

1967年，当世界卫生组织做出全球性消灭天花规划时，天花仍在全世界42个国家及地区发生，每年天花病人达250万之多。

1976年，在非洲中部苏丹和扎伊尔两国交界一带发生了一场震惊全球的急性出血性传染病大流行，病死率高达70％以上，致病病毒以该病流行最严重的埃博拉小河命名为埃博拉病毒。

养牛业在英国占有重要的位置，1996年3月，英国牛的存栏

数达1180万头，从事奶牛和肉牛的饲养者分别为4.1万人和9.5万人，宰牛厂工人达1.5万人，还有许多其他从事与养牛业有关的工作人员，英国养牛业年产值达40亿英镑。

然而，自1996年3月20日英国政府首次承认吃了含有牛海绵状脑病（疯牛病）的肉可能患克-雅氏病后，世界禁止英国牛肉出口，这样国内国外的直接经济损失达164亿美元，而且使失业率、通货膨胀率上升。

时间到了1997年。世界卫生组织指出，自第二次世界大战后至20世纪90年代初，特别是随着天花、脊髓灰质炎、麻风病等7种传染病被根除或得到有效控制后，人们曾误以为人类最后战胜传染病已为期不远。但事实却并非如此。肺结核、疟疾、鼠疫、白喉、霍乱、登革热、脑膜炎、黄热病等疾病又卷土重来，有的甚至在一些地区重新大规模传播。

与此同时，进入21世纪以来，艾滋病、埃博拉出血热、新型肝炎，与疯牛病相关的新型克-雅氏症等30来种新出现的传染病已严重威胁到人类的健康。

传染病是目前世界上造成死亡的主要原因。1996年死亡的5200万人中，1700万人死于各种传染病。疟疾病例每年有500万个，其中200万人死亡。被肺结核杆菌感染的人共有20亿，占人类总人口的1/3，此后10年死于肺结核的人也达到3000万。

艾滋病自20世纪80年代初被发现以来已感染了2400万人，其中400万已死亡。被丙型肝炎病毒感染的人目前已达到近2亿人。据世界卫生组织调查，在世界人口中，有一半人受到新老传染病的威胁。更令人担忧的是，近年来，人们发现许多病菌产生了抗药性，不少抗生素逐渐丧失效用。由于研制费越来越高，投入使用的新抗生素不但数量少，而且有效"寿命"越来越短。有人甚至认为，"在人和病菌的这场赛跑中，目前病菌还是大大领先。"这构成了对人类健康潜在的最大威胁。

世界卫生组织已专门成立了协调防治新老传染病的机构。总干事中岛宏认为："人类目前正处于一场世界性传染病危机的边缘，任何国家都不能幸免。"他在世界卫生日前夕呼吁国际社会高度警惕，并在世界范围内共同采取措施，抵御传染病的流行。

小知识大视野

病菌是机体致病的微小生物，其形体微小，它们通过多种途径进入人体，并在人体内繁殖，感染人体。病菌可以分为细菌和病毒。细菌是较大的病菌，长约1微米，10000个细菌排起来有1厘米。病毒是最小的病菌，伤风、流行感冒和麻疹都是由病毒感染引起的。病菌是无孔不入的，任何地方都是病菌的栖身之所。每个人的口腔和皮肤都有病菌的影响，如果病菌进入血液，就会引起败血症。

"小人国" 里的主角

细菌的家族

当你漫步在微生物王国，会发现在这个"小人国"里，细菌是一个"人多势众"的大家族。

提起细菌，你或许会首先想到能引起疾病、残害生命的病原菌，恐惧感和厌恶感油然而生。其实，我们大可不必谈菌色变。确实，有许多细菌是引起人体疾病的罪魁祸首，像霍乱弧菌、结核杆菌、肺炎双球菌等，但这些作恶多端的病原菌毕竟只占细菌

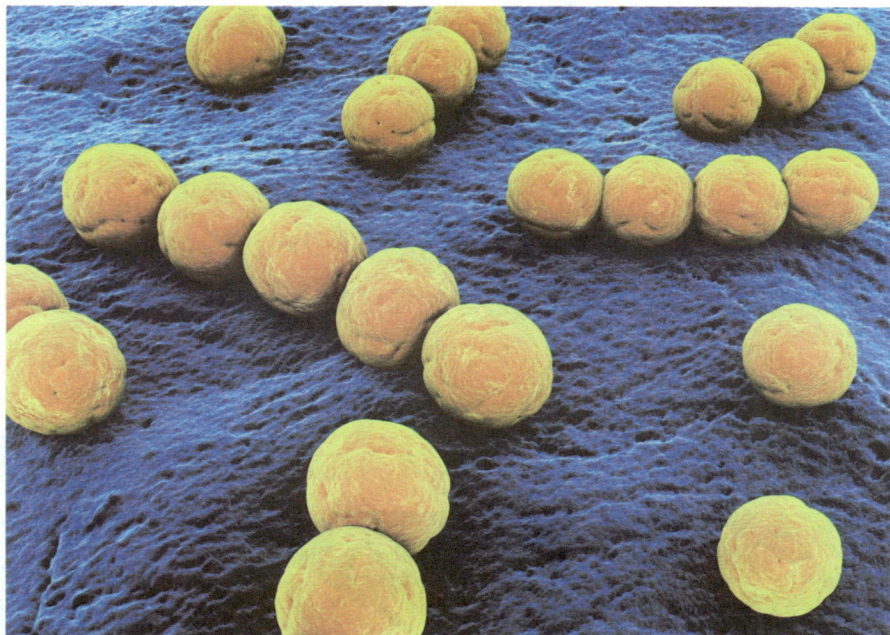

　　的一小部分，绝大部分的细菌对我们人类是有益的，它们是人类的朋友。

　　细菌的身材非常微小。打一个形象的比喻，让大约1000个细菌一个挨一个地并列起来的长度，才相当于一个小米粒那么大。如果从河沟中取一些污水，在洁净的载玻片上滴一滴，然后盖上盖玻片；放在显微镜下，放大几千倍甚至几万倍，你才可以一睹细菌的"芳容"！

　　细菌的种类繁多，长相多种多样，但都是以单个细胞形式存在。它们的基本形态大体分为三种，即球形、杆形和螺旋形，因而我们可相应地把细菌分为球菌、杆菌和螺旋菌三种。

　　有的细菌身体圆鼓鼓的，像个小球，它们是球菌。在球菌中，有的我行我素，独往独来，过着单身生活，例如尿素微球菌；有的喜欢出双入对，俩俩存在，称为双球菌，例如引起人肺炎、中耳炎、胸膜炎的肺炎双球菌。

也有的球菌爱热闹，喜欢成群结队生活在一起，它们或者一个一个地排列形成链状，好像珍珠项链一样，我们称之为链球菌，它们往往对人体危害很严重，可以引起伤口化脓、扁桃体炎、肺炎、败血症以及儿童易患的猩红热；或者不规则地聚集成一簇，由于它像一串葡萄，因此称为葡萄球菌，如金黄色葡萄球菌就是最常见的引起化脓炎症的球菌。

有的细菌长得像一根火柴梗，称为杆菌。像大家非常熟悉的

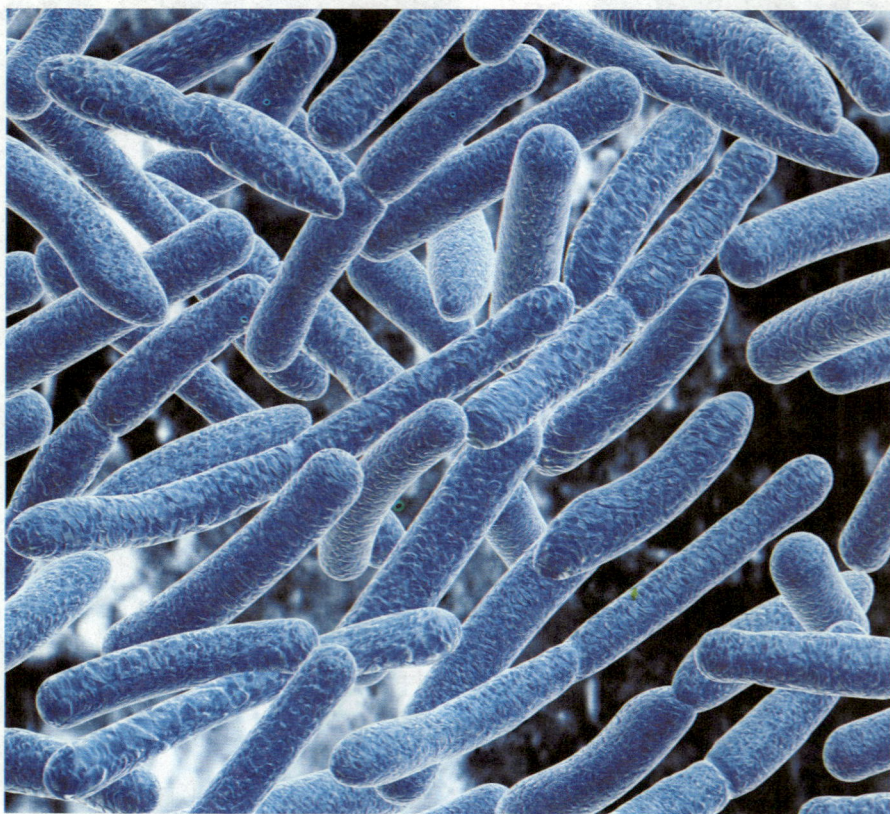

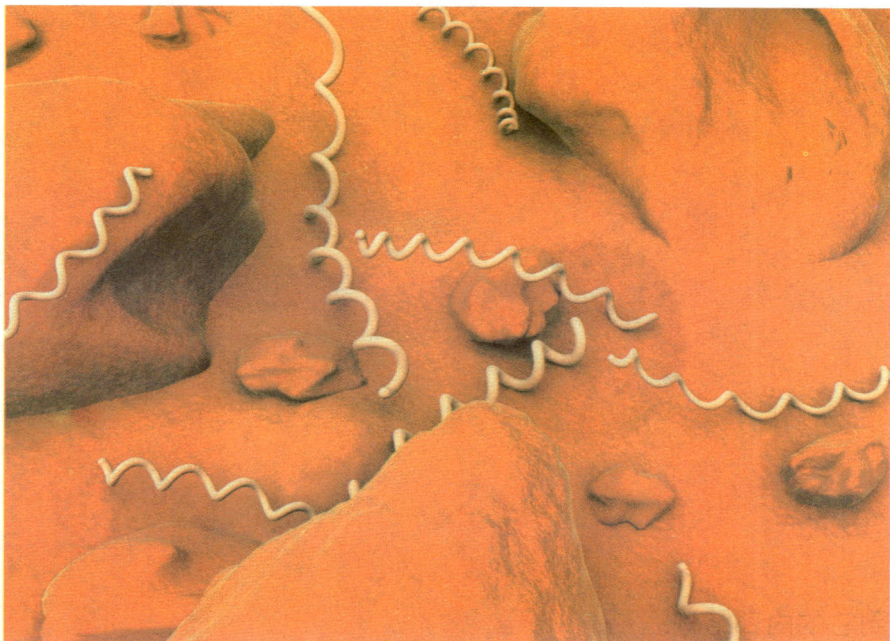

大肠杆菌，它生活在我们的肠道里，与我们终生相伴；也有许多杆菌是病原菌，如炭疽杆菌、结核杆菌、坏死杆菌、破伤风杆菌等，它们可引起烈性传染病，严重地危害人畜。

有一种肉毒杆菌产生的肉毒素是目前已知的毒物中最毒的一种，1毫克这种毒素能杀死10亿只老鼠，也可使几十万人死亡。

还有一类细菌形体也像一根细棍，但它们不是直的。有的身体弯曲成弧线，我们称它为弧菌，最有代表性的弧菌就是霍乱弧菌，它是引起烈性传染病——霍乱的元凶；如果身体弯曲成一圈儿一圈儿的，像弹簧一样，这样的细菌就叫螺旋菌，常见的螺旋菌是口腔齿垢中的口腔螺旋体。

细菌的结构

假如我们把细菌切成薄片，放在电子显微镜下观察，就会看

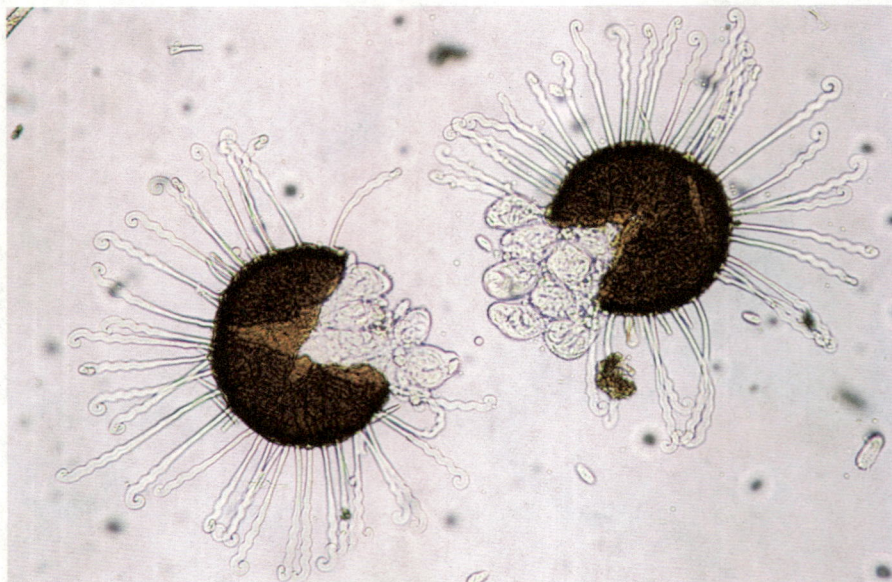

到它的内部结构。

细菌的最外层是一层坚韧的保护层，这是细胞壁，它包裹着整个菌体，使细胞有固定的形状。紧贴细胞壁的里面，有一层极薄而柔软富有弹性的细胞膜，别看它薄，却起着重要的作用，它好比围城四周的岗哨，控制着细胞内外物质的出和进，关系着细胞的生死存亡。

原来，细菌的细胞膜上设置了许多关卡，只有那些细菌生命活动需要的物质，它才允许放行进入，细菌代谢产生的废物也可以通过细胞膜排出去，其他物质则禁止通行，这种现象叫作细胞膜的选择透过性。

包裹在细胞膜内的是细胞质和不成形的细胞核。细胞质由一团黏稠的胶状物质组成，它相当于细菌的"生产车间"和"仓库"。

细胞质中含有高效专一的生物催化剂十一酶，保证了各种生命代谢活动的顺利进行；还有蛋白质的"装配机器"——核糖体，以及贮藏营养的"能源库"——淀粉粒等。

细菌的细胞核物质裸露在细胞质内的一定区域，没有核膜包绕着，与高等生物的细胞核不同，只能叫作核区或原核，正因为如此，我们把细菌称为原核生物。核物质的主要成分是脱氧核糖核酸，简称DNA，它负责细菌的传宗接代，生息繁衍。

各种细菌的基本结构都包括细胞壁、细胞膜、细胞质和核区。同时，不同细菌还有自己的一些特殊结构，主要有荚膜、芽孢和鞭毛。

某些细菌的细胞壁外，有一层疏松的、像果冻样的荚膜，它好比给细菌的身体包上了厚厚的保护层，可以帮助细菌抵御外界

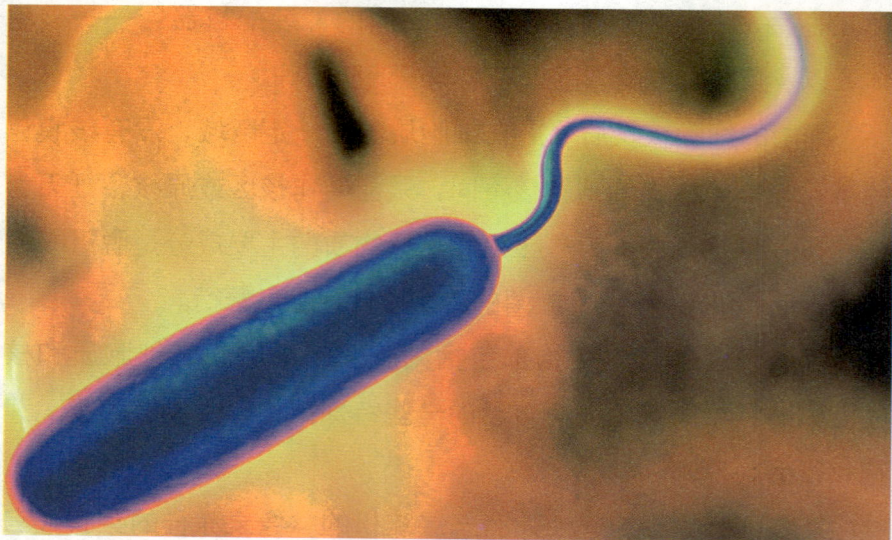

化学物质的侵袭。因此，荚膜与一些病原菌的毒力有密切关系，有荚膜的细菌毒力强；不易被药物杀死。比如，肺炎双球菌若失去了荚膜，致病能力就大大减弱。

有的细菌在遇到恶劣的环境时，细胞内会浓缩形成一个圆形或椭圆形的休眠体，我们称它为芽孢。像能在肉类罐头中繁殖的肉毒杆菌，在100℃的水中煮七八个小时才死亡，就是因为它在高温下形成了芽孢的缘故。

芽孢为什么具有这么强的抵抗力呢？

原来芽孢的含水量特别低，细胞壁厚而致密，对寒冷、高温、干旱和化学药剂的抵抗能力很强。当遇到合适的环境时，芽孢又重新长成细菌体。因此，在食品、医药、卫生等部门都以杀死芽孢为标准来衡量灭菌是否彻底。

细菌的运动

如果你用牙签挑一点自己的牙垢放在显微镜下观察，会发现许多细菌是非常活泼好动的，它们不停地你推我碰，四处乱窜，很是热闹。

原来，有些杆菌和螺旋菌长有运动器官——鞭毛。鞭毛是从细菌内部长出的又细又长的丝状物，由于鞭毛的旋转摆动，就可使细菌迅速运动。

细菌的运动速度是非常惊人的，细菌的运动速度平均为20～80微米／秒。单从这个数字来看，似乎它们跑得很慢，但如果与它们的身体长度相比，会使我们很惊讶！

研究发现，跑得最快的猎豹每秒钟可跑出30.48米的距离，折算起来，每秒钟也只能跑出其身体长度的25倍，而细菌每秒钟的运动距离可达到自身长度的50～100倍。由于鞭毛太细了，在普通光学显微镜下很难看到，只有在电子显微镜下才能观察到鞭毛十分复杂而精细的结构。通常球菌没有鞭毛。

细菌是自然界中分布最广、数量最多、与人类和大自然关系最为密切的一类微生物。因此说，细菌是微生物"小人国"的主角。

小知识大视野

很早以前，人们认为细菌是自然产生的。直到19世纪中叶，法国微生物学家巴斯德通过用鹅颈瓶实验发现，细菌是由空气中已有细菌产生的，而不是自行产生，并发明了"巴氏消毒法"，人们才改变了旧有的观念。

微生物王国奇观

微生物的食量

微生物是地球上最早的"居民"。假如把地球演化到今天的历史浓缩到一天，地球诞生是24小时中的零点，那么，地球的首批居民——厌氧性异养细菌在早晨7时钟降生；午后1时左右，出现了好氧性异养细菌；鱼和陆生植物产生于晚上10时；而人类要

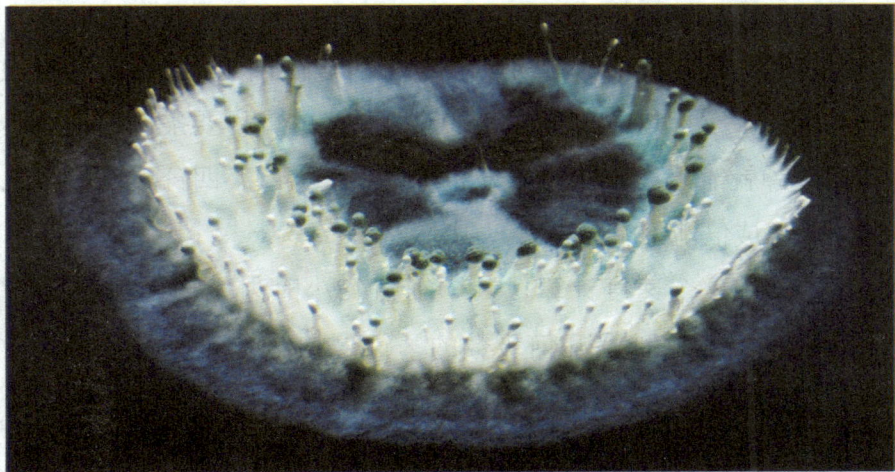

在这一天的最后1分钟才出现。

微生物所以能在地球上最早出现，又延续至今，这与它们持有食量大、食谱广、繁殖快和抗性高等有关。

个儿越小，"胃口"越大，这是生物界的普遍规律。微生物的结构非常简单，一个细胞或是分化成简单的一群细胞，就是一个能够独立生活的生物体，承担了生命活动的全部功能。

它们个儿虽小，但整个体表都具有吸收营养物质的机能，这就使它们的"胃口"变得分外庞大。如果将一个细菌在一小时内消耗的糖分换算成一个人要吃的粮食，那么，这个人得吃500年。

微生物不仅食量大，而且无所不"吃"。地球上已有的有机物和无机物，它们都贪吃不厌，就连化学家合成的最新颖复杂的有机分子，也都难逃微生物之"口"。

人们把那些只"吃"现成有机物质的微生物，称为有机营养型或异养型微生物；把另一些靠二氧化碳和碳酸盐而自食其力的微生物，叫无机营养型或自养型微生物。

生物科学丛书

微生物的繁殖

　　微生物不分雌雄，它的繁殖方式也与众不同。以细菌家族的成员来说，它们是靠自身分裂来繁衍后代的，只要条件适宜，通常20分钟就能分裂一次，一分为二，二变为四，四分成八……就这样成倍成倍地分裂下去。

　　如果按这个速度计算，一个细菌48小时内能产生2.2×10^{43}个后代，虽然这种呈几何级数的繁衍，常常受环境、食物等条件的限制，实际上不可能实现，即使这样，也足以使动植物望尘莫及了。

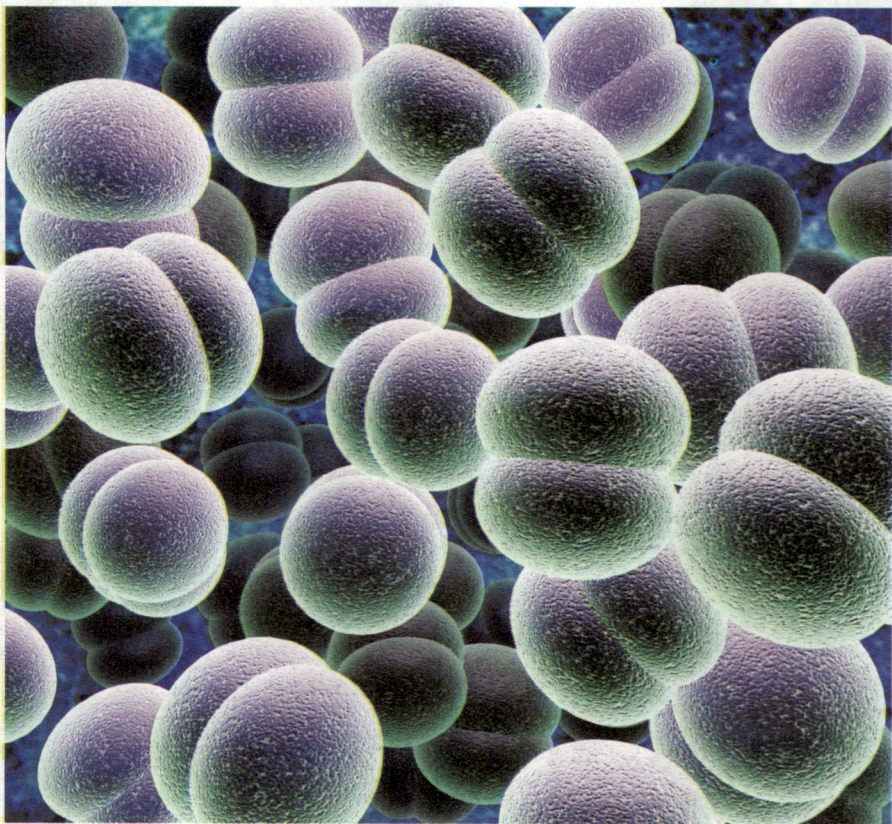

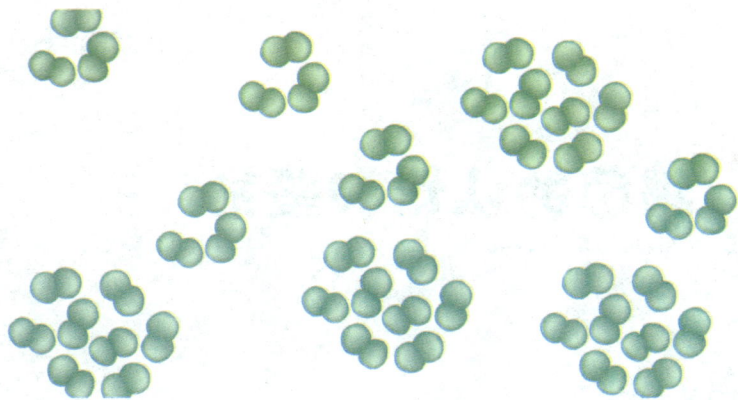

微生物的生存环境

微生物具有极强的抗热、抗寒、抗盐、抗干燥、抗酸、抗碱、抗缺氧、抗压、抗辐射及抗毒物等能力。因而，从10000米深、水压高达1140个大气压的太平洋底到8.5万米高的大气层；从炎热的赤道海域到寒冷的南极冰川；从高盐度的死海到强酸和强碱性环境，都可以找到微生物的踪迹。由于微生物只怕"明火"，所以地球上除活火山口以外，都是它们的领地。

微生物当然也要呼吸，但有的喜欢吃氧气，是好氧性的；有的则讨厌氧气，属于厌氧性的；还有的在有氧和无氧环境下都能生存，叫兼性微生物。

小知识大视野

据报道，微生物不仅会吃，而且还贪睡。在埃及金字塔中三四千年前的木乃伊上，科学工作者竟然发现了活细菌。这种微生物的休眠本领，令科学家惊叹不已。

细菌的认识和鉴别

细菌的功劳

自从德国乡村医生劳伯·柯赫第一个猎获病菌以后，细菌这个名字就常常和疾病联合在一起。因为人和动植物的许多传染病，都是由细菌作祟引起的，所以人们对它总有一种厌恶和恐惧的感觉。

其实，危害人类的细菌只是一小部分，大多数细菌不仅能和我们和平共处，还为人类造福。

例如，地球上每年都要死亡大量动植物，千万年过去了，这些动植物的遗体到哪里去了呢？这就是细菌和其他微生物的功劳。它们能把地球上一切生物的残躯遗体"吃"光，同时转化成植物能够利用的养料，为促进自然界的物质循环立下了汗马功劳。更何况许多细菌在工农业生产上起着重要的作用呢！

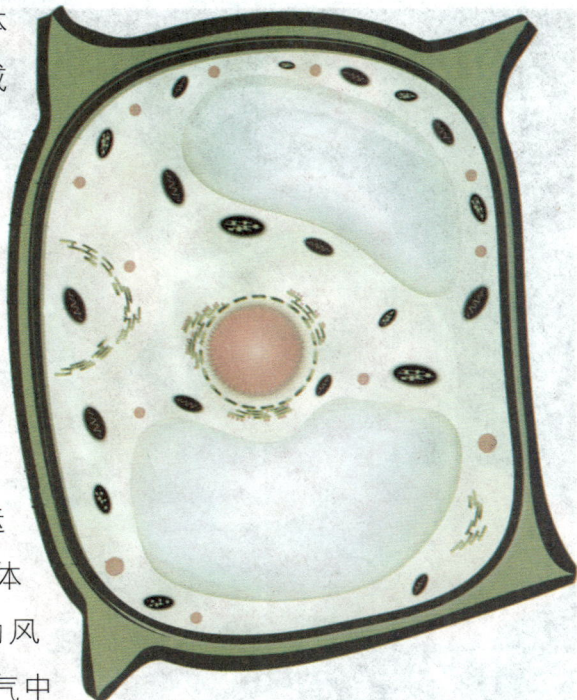

细菌的运动

多数细菌是不会运动的，只是由于它们体微身轻，所以能借助风力、水流或黏附在空气中的尘埃和飞禽走兽身上，云游四方，浪迹天涯。

也有一些细菌身上长有鞭毛，好像鱼的尾巴，能在水中扭来摆去，细菌便游动起来，速度还挺快。有人观察，霍乱弧菌凭借鞭毛的摆动，一小时内能飞奔18厘米，这段距离相当于它身长的9万倍。

细菌中，有的"赤身裸体"，一丝不挂，有的却穿着一身特别的"衣服"，这就是包围在细胞壁外面的一层松散的黏液性物质，称为荚膜，它既是细菌的养料贮存库，又可作为"盔甲"，起着保护层的作用。

对病菌来说，荚膜还与致病力密切相关，比如肺炎球菌能使人得肺炎，但若失去了荚膜，就如解除了武装，没有致病力。

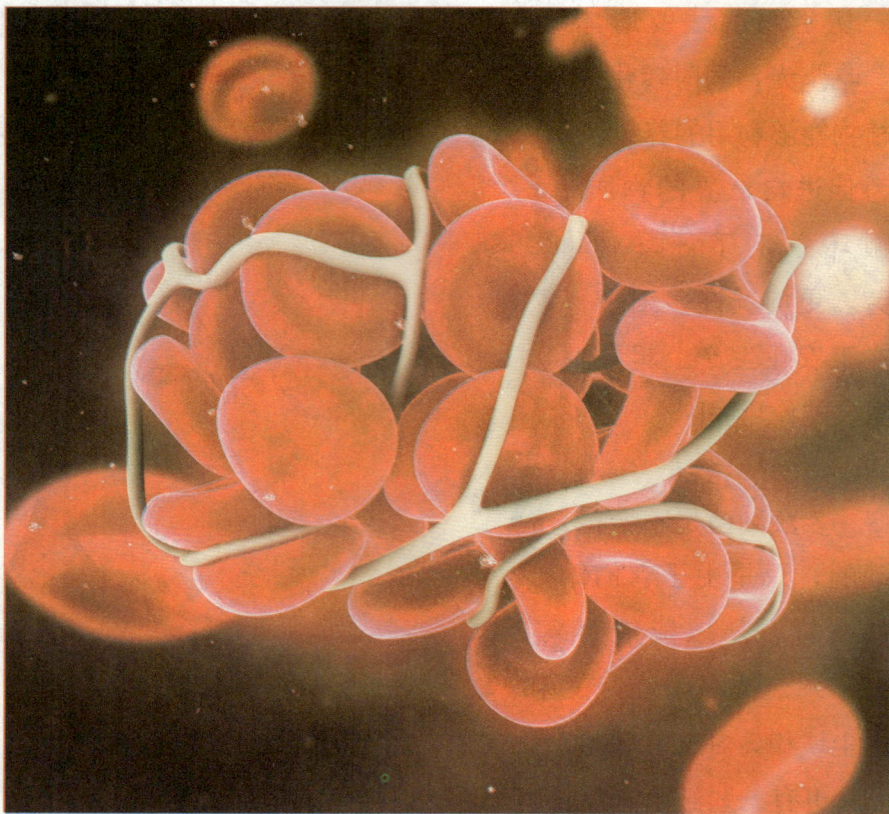

　　当细菌遇到干燥、高温、缺氧或化学药品等恶劣环境时，它们还能使出一个绝招，就是几乎全部脱去身体中的水分，从而使细胞凝聚成椭圆形的休眠休，这就是芽孢。

　　芽孢在干燥条件下过几十年仍有活力，一旦环境变得适宜，芽孢就会吸水膨胀，又成为一个有活力的菌体。

细菌的鉴别

　　单个细胞是无色透明的，为了便于鉴别，需要给它们染上颜色。1884年丹麦科学家革兰姆创造了一种复染法，就是先用结晶紫液加碘液染色，再用酒精脱色，然后用稀复红液染色。

经过这样的处理，可以把细菌分成两大类，凡能染成紫色的，叫革兰氏阳性菌；凡被染成红色的，叫革兰氏阴性菌。这两类细菌在生活习性和细胞组成上有很大差别，医生常依据革兰氏染色法，选用药物，诊治疾病。为纪念革兰姆，复染法又称革兰氏染色法。

细菌家族的成员，如果固定在一个地方生长繁殖，就形成了用肉眼能看见的小群体，叫菌落。菌落带有各种绚丽的色彩，如绿脓杆菌的菌落是绿色的，葡萄球菌的菌落是金黄色的。

细菌菌落的形状、大小、厚薄和颜色等特点，是鉴别各种菌种的依据之一。弗莱明就是通过观察到金黄色的葡萄球菌落减少或消失，从而发现"吃"掉葡萄球菌的青霉素，划时代地揭开了抗生素的秘密。

小知识大视野

古细菌：是一类很特殊的细菌，多生活在极端的生态环境中。具有原核生物的某些特征，如无核膜及内膜系统；也有真核生物的特征，如以甲硫氨酸起始蛋白质的合成、核糖体对氯霉素不敏感、RNA聚合酶和真核细胞相似、DNA具有内含子并结合组蛋白；此外还具有既不同于原核细胞也不同于真核细胞的特征。

微生物的胃口有多大

特别能"吃"的微生物

别看微生物的个头特别小，但它食量却特别大，一见了可吃的东西就开始大吃特吃，吃个不停，直到吃完才罢休。一头大象或者鲸鱼的尸体，若任微生物吃，不用五年十载的时间就可以把它吃得精光，想一想微生物与鲸鱼的体积之比，就可以明白微生物胃口之大了。

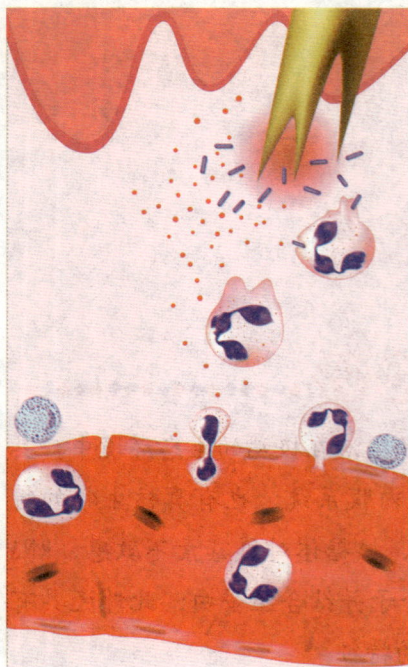

据统计，在合适的环境下，大肠杆菌每小时就能消耗相当自身体重2000倍的糖！如果假设一个成年人每年消耗的粮食相当于200千克糖，那么像人那样重的一个细菌，在一个小时内所消耗的糖相当于一个成年人在500年时间内所消耗粮食的总和。

微生物学界一位著名的法国科学家巴斯德在观察制醋桶里不可缺少的浮垢后发现，制醋所必

需的奇特的浮垢不是别的，正是几十亿、几百亿的微生物。

它们在几天的时间内就吃光了比自身体重重万倍的酒精，把酒变成了醋。这些小得不能再小的小东西竟能完成这么巨大的工程，难怪巴斯德称赞道：它们就像一个体重200磅的人，在4天内劈了200万磅木材。

微生物的食物有哪些

微生物的"胃口"为什么能如此之好呢？生物界有一个普遍的规律：某一种生物个体越小，它单位体重所消耗的食物越多。例如，有一种体重仅为3克的地鼠，每天要消耗与其体重相等的粮食；而体重不足1克的蜂鸟，每天要吃掉2倍于自身体重的食物。单细胞的微生物个体，相对于地鼠和蜂鸟来说，不知要小多少倍。而且整个细胞表面都具有吸收营养物的功能，这就使得它们的"胃口"变得分外庞大，令人惊讶了。

它们的"胃口"好，食物主要是哪一些呢？我们可以分析微生物细胞的化学组成。我们先测得微生物细胞的湿重和干重，两

者之差即为含水量，然后将所得的干物质，在高温炉中烧成灰，所得的灰分是各种无机元素的氧化物。

将灰分进一步分析，得到各种无机元素的含量，以占灰分总重的百分比表示。分析结果表明，微生物细胞的含水量一般都很高，除去水分的细胞干物质，约占鲜重的10％～25％。其中碳、氮、氢、氧4种元素约占全部干重的90％～97％，其余3％～10％为矿质元素。由此可见，微生物所"吃"的营养物质，除需要大量的水以外，还需要碳、氮、无机盐、生长因子等几类。

科学家配制的"菜肴"

科学家们为了研究这些大肚汉们，不得不配制了各种各样的"菜肴"——培养基。培养基是人工配制的适合不同微生物生长繁殖或积累代谢产物的营养基质。培养基有不同的类型，常用的细菌培养基为营养肉汤，它包括蛋白胨、牛肉膏、氯化钠、水，而且酸度也有要求。放线菌的培养基为高氏一号培养基、酵母菌的培养基为麦芽汁培养基……因为微生物胃口虽好，但口味各异，所以，不同的微生物就有自己独特的菜肴。

不论是什么培养基，都应归于固体培养基、液体培养基或半固体培养基中的一种。固体培养基像我们吃的果冻，它是在培养基中加入琼脂，使之凝固而形成的。固体培养基在微生物的分离、鉴定菌种方面都起重要作用。液体培养基，顾名思义应为液态，因为它里面营养组分分布均匀，微生物能充分利用养料，所以适用于实验室生理代谢的研究工作，也常用于大规模工业生产。半固体培养基介于二者之间，常用来观察细菌的运动特征，进行菌种鉴定和测定噬菌体效价等研究工作。

科学家制作出培养基来喂养微生物，但它们太能吃了，三五天便必须更换培养基，浪费了大量的人力、物力。后来，科学家们把微生物请到冰箱里去住，在冷气的包围中，微生物的细胞就缩成一团，没有消耗，也不用饮食。这下，科学家们高兴了，不仅节省了财力、物力和人力，还可以让微生物存活几年不死。

小知识大视野

1989年，美国几所大学和能源部的一些专家，在南卡罗来纳州进行调查时，在550米的地表下发现了3000多种微生物组织，这些微生物，大多数是从地下水里吸收氧气，而另一些则不需要氧气就能生存。这些微生物吸收养料少，新陈代谢缓慢，它们的生存就像一些地表动物冬眠一样。

微生物的惊人繁殖

微生物二十分钟"生子"

猜一猜，一个只有在显微镜下才能被看到的小小的微生物，给予它最适宜的条件，20分钟、2小时、2天、2年或者更长的时间，情况会变得怎么样？猜不出来吧。不到20分钟，这个小小的微生物就"生"出了"儿子"，不到一个半小时，它就已经是"五世同堂"、享受天伦之乐的"老家长"了。两天的时间还没有到，它的子孙后代聚集在一起就能挤满整个地球。如果再繁殖个两年，前景真的不可想象。

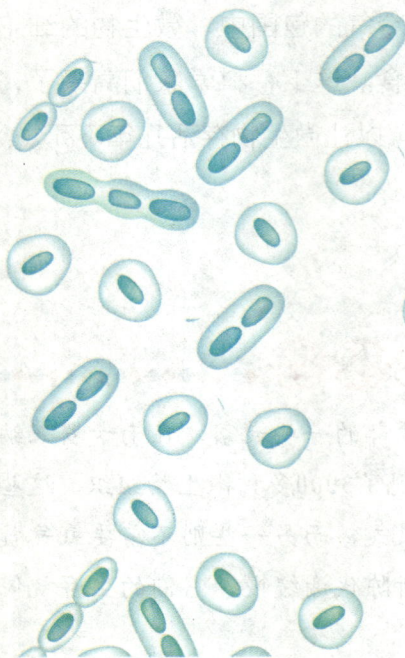

幸亏自然界有一只无形的手在协调着，它给予微生物种种限制，使它们不能顺利地繁殖下去。否则，我们在担心"人口爆炸"的同时，还得担心"菌"口爆炸呢！这可不

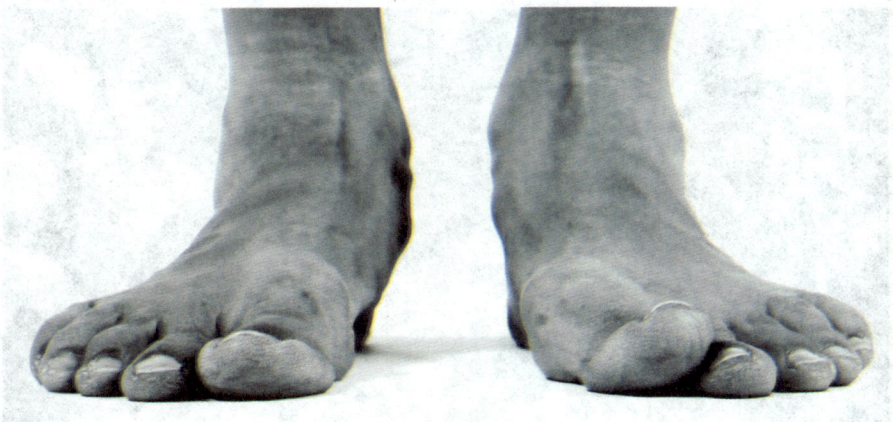

是危言耸听，比如大肠杆菌，通常情况下20分钟分裂一次，单个细菌在24小时后可产生$4722×10^{21}$个后代，总重可达$4722×10^{3}$千克，若将细菌平铺在地球表面，它这一大家子就可以把地球完全覆盖——多么惊人的繁殖力。早上，我们穿上一双新袜子出门，晚上回到家的时候，可以从一只袜子中检测到3亿～8亿个各种活菌，其中就有导致脚气、灰指甲的真菌。

微生物特别喜欢人身上的汗液、油脂和体温构成的"舒适"环境，它们在这种优越的环境中不断地繁殖、增长。所以，勤换内衣，勤洗袜子，对于人体健康是非常重要的。由于洗涤剂的活性度高，如果把袜子洗净，生长在袜子中的微生物大约有90％～95％会随着水流入污水之中。除此危害之外，微生物"生长旺、繁殖快"的特性给食品的制作、储存带来了诸多麻烦与不便。但是，这一特性为人类工业发酵带来了便利。

如果在合适的条件下人工培养酵母菌，一天就能收获一次！生产味精的细菌在50多个小时内，菌体就增加30多亿倍。在很短的时间内就能获得大量的微生物个体，这是其他生物都望尘莫及

的。利用这种特性来培养微生物，可以获得大量有用的产品，像喝的酒、吃的酱、助消化的酵母片和治病用的抗生素等都是微生物对人类的贡献。

微生物的繁殖特征

微生物繁殖快，繁殖特征也怪，让人们觉得它们好像永远不会死，其实它们只是整个儿消失在自己的后代之中。单个细胞的细菌尤为如此，细胞一个变俩，两个变成四个，如此下去，没过一会儿，你眼睁睁瞅着它的最后一丝痕迹就消失了。

这个"消失"的过程说起来很轻巧，实际上也挺费力的。例如一个形如杆状的细菌，吃饱了，喝足了，胀得满满大大的，嫌自己太笨重，中央部分便开始变细，越来越细，最后，它的两部分仅由细如蛛丝的一线联系在一起，这时粗壮的两半开始拼命扭动，并突然一分为二，成为两只形状完整，静静地滑行的微生物，它们所代替的，是这儿原有的"一只"。

它们稍短一些，可能是没吃饱的缘故，过一段时间，它们吃饱了，这双儿女又分裂了一次，于是，原来只是"一只"的杆菌又变成了"四只"，不久变成了"八只"，再过一会儿则是"十六只"……它们就这样永无止境地吃了分，分了吃……

奇妙的是，微生物中的黏菌在一生中要经历一场巨大的变革，比刚才谈的"一分为二"要有趣多了。黏菌是一个个阿米巴状的细胞，它们喜欢四处游动，吞噬细菌，彼此疏远，互不接触。突然，仿佛一阵铃响，一些特殊的细胞放出聚集素，其他的细胞"听到声音"，立即集合在一起，排成星状，互相接触、联合，构成动作迟缓的"小虫子"，像鳟鱼一样结实，生出一个富丽堂皇的梗节，顶端带着一个"子实体"，像篮子一般盛着下一代的阿米巴状的细胞，它们从篮子里面跳出来，又在同一块领地上游来游去，一个个还是独来独往，雄心勃勃。

奇特的不仅仅是繁殖方式，还有子代与父母的区别。对于我们人类来讲，幼年的孩子一般比父母个头小，声音稚嫩，但微生物可不完全这样，幼龄的细菌要比成熟或者老龄的细菌大得多，真有点"青出于蓝而胜于蓝"的味道！

小知识大视野

世界上最大的微生物，是1985年发现的一种生长于红海水域中的热带鱼的小肠管道中的微生物，这是当时世界上所发现的最大的微生物。它的体积约为大肠杆菌的100万倍，这种微生物并不需要由显微镜观察，可直接由肉眼察觉到它的存在。

微生物的变异功能

微生物的抗原性

动画片中的变形金刚，本事特别大，可以由机器人变成各种各样的飞机、汽车、武器，能挥洒自如、游刃有余地抵御进攻，反击敌人，保护地球。在现实生活中，微生物也算得上是自然界中的"变形金刚"了。

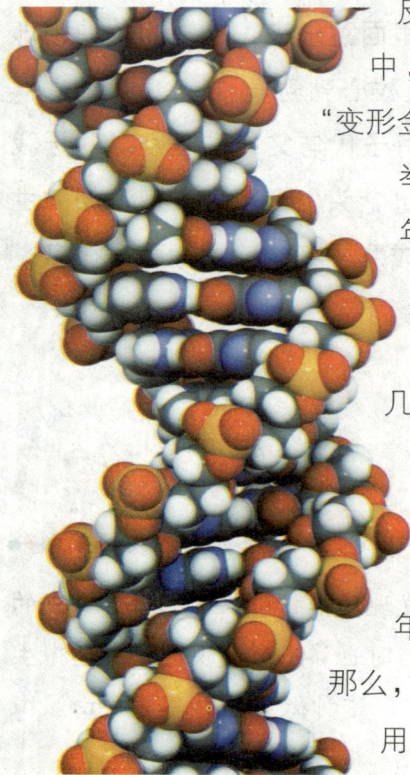

举个例子说吧。流感病毒早在1931年就从猪身上分离出来，而且被证明是由它引起人类的流行性感冒。

迄今为止，人类虽然研究出了几十种流感病毒的疫苗，可是流感仍然蔓延流行。原因是什么呢？

原来，由于多肽分子中一个氨基酸突变，流感病毒可在一两年内变成新种，改变原来的抗原性，那么，原来对它有效的疫苗也就失去了作用。流感病毒在10年左右发生一次抗

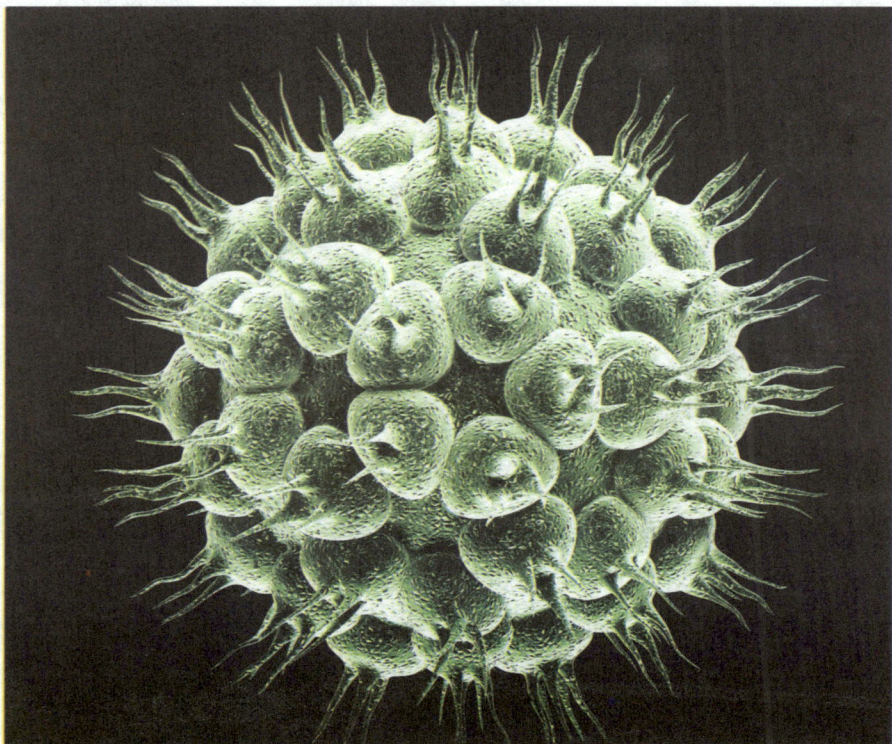

原性的大变迁，多肽分子上许多氨基酸都发生突变，致使对先前存在的一切免疫力都表现出抗性。

医院是病人集中的地方，也是微生物聚集的场所。每天，病人通过咳嗽、吐痰、流脓、脱落皮屑、排大小便等方式将病源微生物排出体外，污染医院环境。

为了避免病人出现交叉感染，医院采取了各种保洁措施，请专人清扫、抹洗，甚至用紫外线照射，用消毒剂喷洒、熏蒸。但交叉感染仍然时有发生。

原因之一，是由于空气中、水龙头、门把手、桌椅、床垫等物品上还残留有病源微生物。另一个原因则是，有不少的病源微生物对各种药品产生了耐药性。

这些病源微生物就如同久经沙场的变形金刚，改变自己，以最有效的方式入侵入体。

举个例子来说，1943年，青霉素刚刚问世。那时，它对金黄色葡萄球菌作用浓度是0.02微克／毫升。20年后，金黄色葡萄球菌有的菌株的抗药性比原始菌株提高了一万倍（即青霉素的作用浓度可达到200微克／毫升）。

20世纪40年代初，刚开始使用青霉素时，即使是严重感染的病人，只要每天分数次共注射10万单位青霉素即能见效。现在，成人每天需注射100万单位左右，病情严重时，可能会用到数千万甚至上亿单位的青霉素！

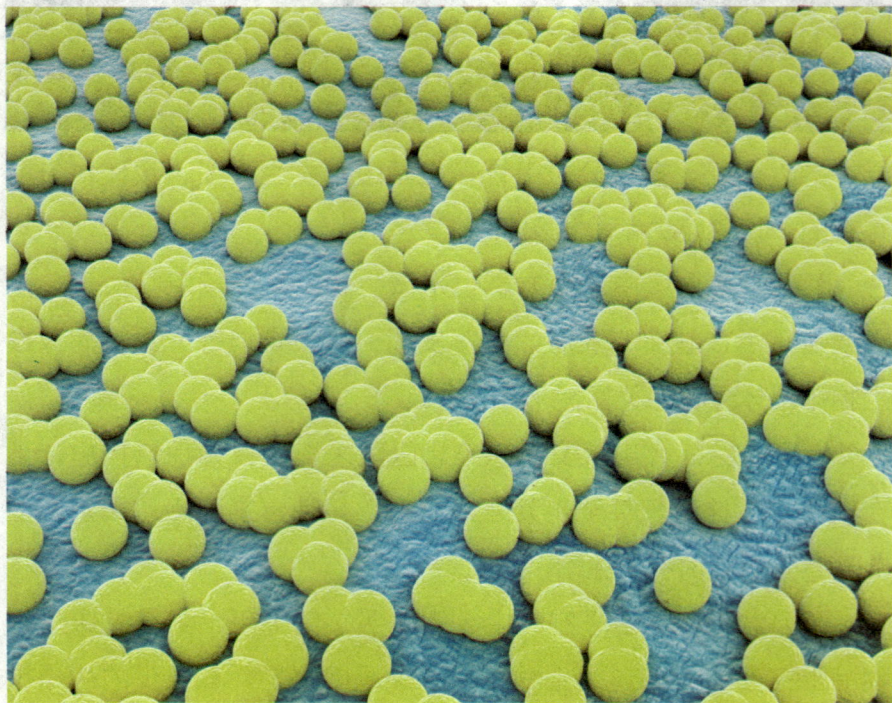

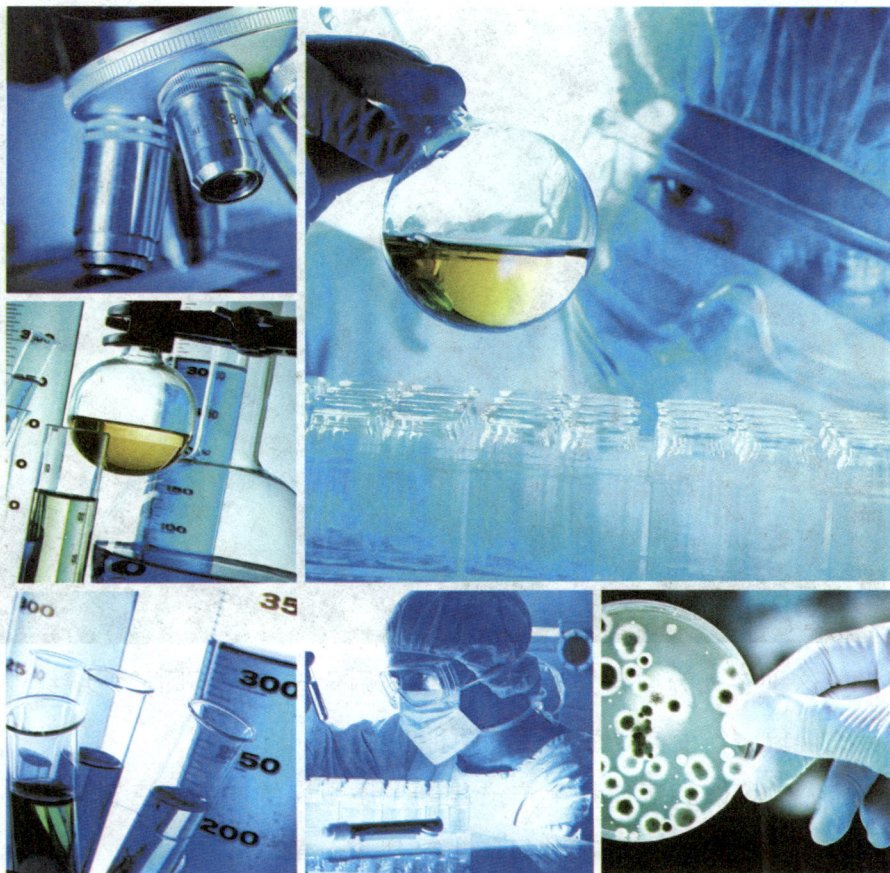

变异带来的好处

微生物的变异不仅会给人类带来危害，也带来了不少益处。

因为许多微生物多才多艺，人们对它们倍加重视。但是，有时它们很娇气，稍有不适便罢工、怠工；有一些生产出来的产品很是珍贵，但产量太低……长期以来，人们想出了各种方法，按照自己的意愿来改造微生物，让它们最大限度地为人类服务。

经过长期摸索，人类已经可以使一些"儿子"变得比"老子"有本事，青出于蓝而胜于蓝，并且还能把这种本事传给后

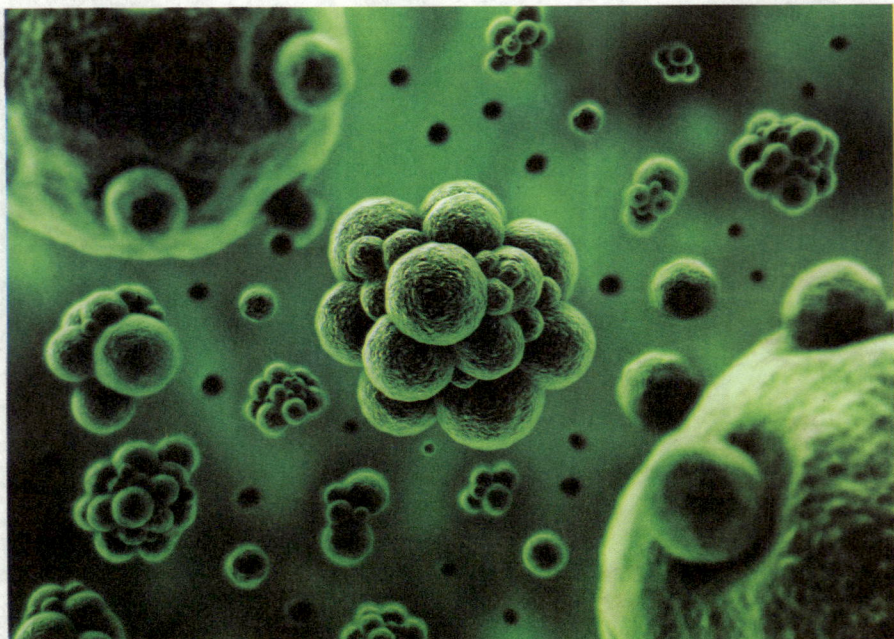

代。这种在人为或自然情况下发生的后代与亲代不同并能继续遗传的现象叫作变异，变异后的菌种叫作变种。

　　人类可以利用变种生产产量高、质量好的产品。青霉素刚开始投产的时候，一株菌种只能生产几十个单位的青霉素，而医治一个病人需要10万个单位，这样一个病人就需要几千个菌种！但现在这一问题已经迎刃而解，利用一种青霉素变种就能使每株菌种生产出几万个单位，大大提高了抗生素的生产水平。

物竞天择促成变异

　　微生物的变异现象为什么这么普遍，微生物为什么有这么强的适应能力呢？

　　我们可以打一个比方：齐天大圣孙悟空曾被关进太上老君的炼丹炉里，用五味真火整整烧了七七四十九天，待到太上老君得意洋洋地揭开炉盖，火眼金睛孙悟空腾空而起，吓得太上老君落荒而逃。如果孙悟空在炼丹炉里经不住"烤"验，哪能生还呢？更谈不上有火眼金睛的本事了。

微生物变异也有一些类似的道理。在极其漫长的岁月中，大自然经过了翻天覆地的变化；有的生物种类不能适应便从此绝迹，就像恐龙一样，如今只能凭借化石来揣测它们的模样与习性。这些灭顶之灾当然也危及了微生物，有的种类在劫难逃，就一命呜呼，从此断种绝后，有的种类灵活多变，通过自身的改变来适应自然环境，久经磨难而大难不死。

在物竞天择的残酷条件中，微生物的变异能力可算得上是绝对冠军。因为，微生物个体一般都是单细胞或者接近于单细胞，它们通常都是单倍体，繁殖快，数量多，而且，它们与外界环境接触面积相对要大，即使变异频率十分低（一般为$10^{-5} \sim 10^{-10}$），也可以在短时间内出现大量变异的后代。

这些随着环境变迁仍顽强地活下来，并在地球上繁衍的微生物，就成了自然界中微小却顶天立地的"变形金刚"了。

小知识大视野

生物界的微生物达几万种，大多数对人类有益，只有一少部分能致病。有些微生物通常不致病，在特定环境下能引起感染的则称条件致病菌。能引起食品变质、腐败，正因为它们分解自然界的物体，才能完成大自然的物质循环。

细菌的生存需求

不同细菌的生存环境

生物学家们根据相似的细胞结构，最开始把所有的细菌都归入一个界。然而，虽然所有的细菌看上去都相似，但组成细菌体的化学成分间存在较大的差异。在分析了这些化学成分的差异后，科学家们重新将细菌分成两个独立的界，即古细菌界和真细菌界。

古细菌界古细菌的意思是"远古的细菌"，即这些细菌是古

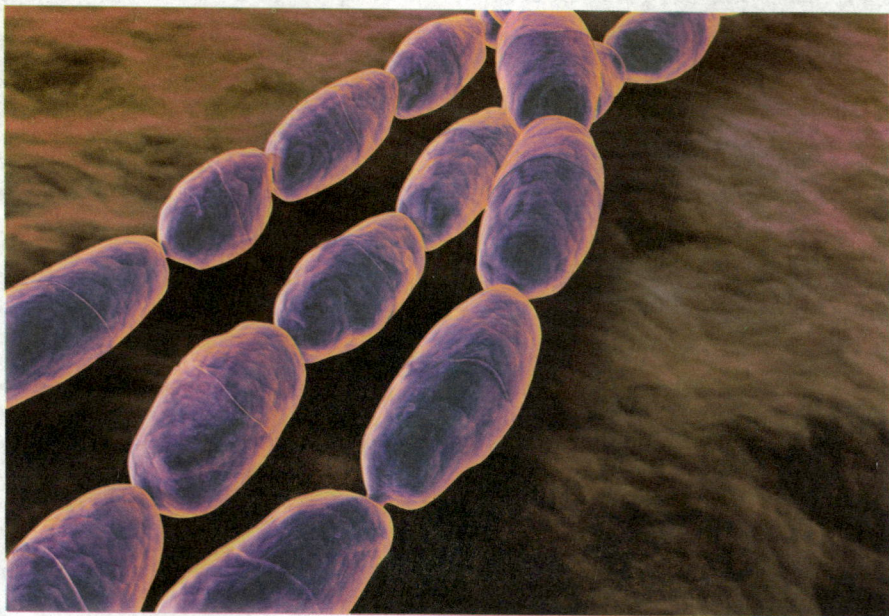

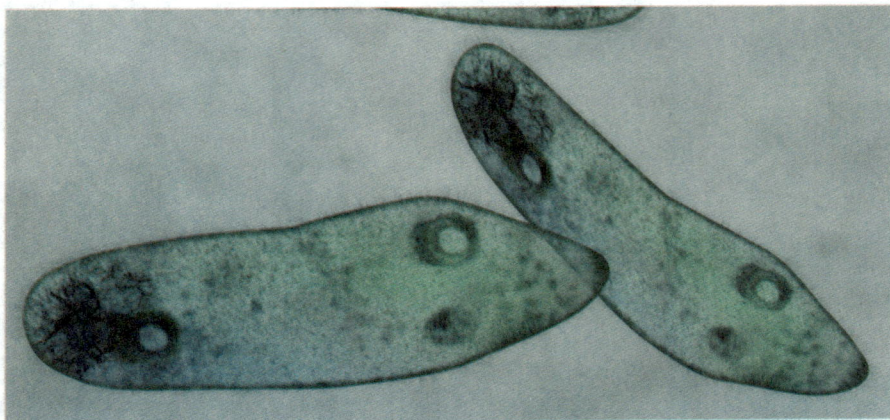

代的。在恐龙出现前，古细菌就已经在地球上生存了数十亿年了。科学家认为现代的古细菌类似于地球上最早的生命形式。

很多古细菌生活在极端环境中。有的古细菌生活在温泉中，有的则生活在110℃的热水中；还有的生活在盐水中，如犹他州的大盐湖；另有一些古细菌生活在动物的肠道、沼泽底部的淤泥以及污水中。这些地方也许让你联想到臭味，没错，正是这些古细菌制造了臭气。

真细菌界与古细菌不同，大部分真细菌生活在非极端环境中，在任何地方都可以找到它们的踪迹。现在，就有数百万的真细菌生活在你的体表和体内。真细菌贴附在你的皮肤上或聚集在你的鼻子里。不用害怕，它们大部分对你是有益而无害的。

真细菌帮助维持地球的部分自然条件，也帮助其他有机体的生存。例如：有些真细菌漂浮在水的表面，这些细菌利用太阳能合成食物和氧气。科学家们认为数十亿年前是自养型的细菌增加了地球大气中的氧气。如今，那些细菌的后代帮助维持地球中20％的氧气含量。

细菌的生存特征和技巧

从生活在活火山口的细菌到生活在毛孔中的细菌，所有细菌想要存活下来，都必须具备一定的特征。环境中必须有食物来源，细菌具有分解食物并释放其中能量的能力，另外，当周围环境变得恶劣时细菌得具有生存技巧。

为了获取食物，有些细菌属自养生物，能合成自身所需的食物。自养细菌制造食物的途径有两种，一种自养细菌像植物一样能利用太阳能合成食物；还有一些比如生活在大海深处的自养细菌，就无法利用太阳能，只能转而利用环境中的能量来制造食物。自养细菌就运用以上两种方法即太阳能或化学能中的其中一种来合成自身所需的食物。

还有一些细菌属异养生物，通过消耗自养生物或其他异养生物来获取食物。异养细菌能消耗各类食物，如从你爱吃的牛奶和肉类直到树林里腐烂的树叶。

与其他生物一样，细菌执行其功能时，需要稳定的能量，能量由食物而来。细菌分解食物并从中取得能量的过程叫作呼吸作用。

大部分细菌和许多其他生物一样，分解食物时需要氧气。但是有一些细菌的呼吸作用就根本不需要氧气。实际上，一旦它们所处的环境中出现氧气，它们的末日就到了。对它们来说，氧气就是致命的。

有时周围的环境会变得不利于细菌生长。例如，失去了食物源或环境中产生出对细菌造成毒害的废弃物时，有的细菌将形成内生孢子，在这些恶劣的环境下生存。

内生孢子在细菌细胞内形成，是一种小小的、圆形的、具有厚壁的休眠细胞，它含有细胞的遗传物质和一些细胞质。因为内生孢子能耐冰冻、高温和干旱，对恶劣环境有很强的抵抗力，所以能存活许多年。

内生孢子很轻——一阵风就可以把它们吹起并送到一个全新的地方。如果内生孢子落在一个适宜的环境中，就会萌发，接着细菌就开始生长增殖。

小知识大视野

细菌的营养方式有自养及异养两种，其中异养的腐生细菌是生态系中重要的分解者，使碳循环能顺利进行。部分细菌会进行固氮作用，使氮元素得以转换为生物能利用的形式。

绚丽多姿的霉菌

霉菌属于真核微生物

微生物世界中色彩最艳丽的是霉菌，人们最早认识和利用的微生物也是霉菌。2000年前我国古代用于制酱的曲霉，制作腐乳和豆豉的毛霉，以及日常制作甜酒的根霉，都是霉菌。人们最早发现和应用的抗生素——青霉素，就是由霉菌中的青霉产生的。

霉菌很容易在含糖的东西上生长，大家都有过这样的经历，比如面包和水果，没放两天就长绿毛，夏天炎热潮湿，连家具上也毛绒绒一片，霉味冲天，更不用说农民伯伯粮仓中的粮食了，有资料表明，全世界由于霉变而白白浪费的谷物约占总量的2％，

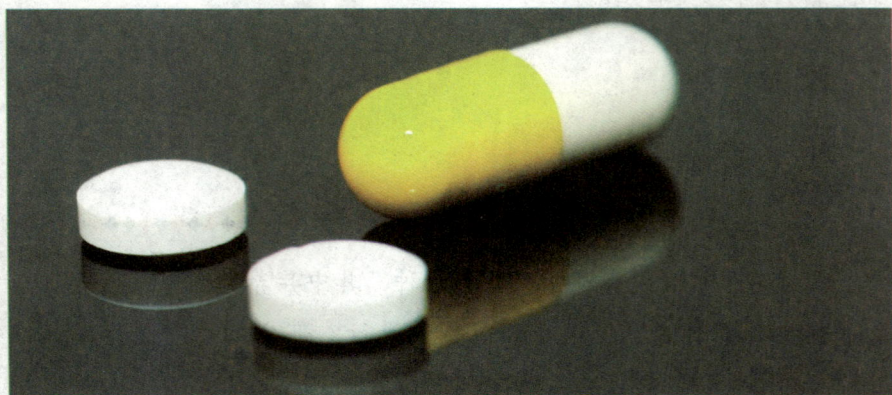

这是多么大的损失呀!

那么就让我们看看霉菌到底是什么吧?

霉菌属于真核微生物,是丝状真菌的统称,由分支或不分支的菌丝组成。大多数霉菌菌丝中含有隔膜,把菌丝分隔成多个单核细胞,隔膜中有小孔连接相邻的细胞,这种菌丝叫有隔菌丝;另一些霉菌菌丝中没有隔膜,整个菌丝表现为连续的多核单细胞,这种菌丝叫无隔菌丝。

菌丝的生长是通过末端伸长而进行的,相互缠绕形成绒毛状、絮状或蜘蛛网状菌落,比细菌和放线菌菌落大几十倍。

霉菌如何传宗接代

霉菌是怎么传宗接代的呢?它的高招是产生孢子。夏天酱油表面常常长出一层白毛,这是一种叫白地霉的霉菌,它的菌丝产生横隔膜,并在横隔膜处断裂而形成一串像糖葫芦一样的孢子，叫节孢子；用来制作美味的豆豉和腐乳的毛霉，当发育到一定阶段时，顶端的细胞膨大形成一个囊状结构，叫孢囊，内部产生许多孢子，我们称它为孢囊孢子；引起谷物和花生发霉的曲霉，则是将菌丝顶端膨大形成球形的顶囊，顶囊的表面长出许多辐射状的小梗，小梗的顶端长出成串的孢子，我们称它为分生孢子。

所有这些孢子都会在合适的条件下萌发而形成新的霉菌，使它们繁衍不息。由于这些孢子的形成过程中没有发生两性细胞的结合，所以属于无性繁殖，这些孢子统称为无性孢子。

经过两个性细胞的结合而产生新个体的过程为有性繁殖，经过细胞质和细胞核的融合，减数分裂形成有性孢子。

霉菌的有性繁殖不及无性繁殖那么经常与普遍，往往在自然条件下发生，在一般培养基上不常出现。其繁殖方式因菌种不同

也有不同，有的霉菌两条异性菌丝就可以直接结合，有的则由菌丝分化形成特殊的性器官，并形成有性孢子。

让我们看一看真菌的孢子的特点吧，它们具有小、轻、干、多以及形态色泽各异、休眠期长和抗异性强等特点，这有助于它们在自然界随处散播。孢子的这些特点有利于接种、扩大培养、菌种选育及保藏等工作，但易造成污染、霉变和传播动植物的真菌病害。

谈到这里，细心的朋友可能会想起前面我们曾经谈到细菌的芽孢，它们跟真菌的孢子有什么不同吗？真让你问着了，尽管它们都有休眠期长、抗逆性强等特点，但却是两类不同性质的结构。

首先，真菌的孢子是真菌的重要繁殖方式，而细菌的芽孢是抗性结构；其次，真菌的一条菌丝或一个细胞可以产生多个孢子，而一个细菌细胞只能产生一个芽孢；真菌的孢子可在细胞内或细胞外产生，而细菌的芽孢只能在细胞内产生；细菌芽孢抗热性远远强于真菌的孢子；真菌的孢子形态色泽多样，相比之下，细菌芽孢形态极为简单。

霉菌的危害和作用

霉菌能产生多种毒素，而其中毒素最强的当属黄曲霉菌产生的黄曲霉毒素，黄曲霉毒素可以致癌，而产生黄曲霉毒素的温床则是发霉的花生和谷物。

有些毒素尚未发现是否致癌，但曾多次酿成严重事件，如日本的黄变米中毒，英国的火鸡X病等，所有这些都在提醒我们在利用霉菌时，一定要透彻了解其方方面面，以免引狼入室！

霉菌家族非常庞大，我们在这里为大家介绍几种与人类关系密切相关而又常见的霉菌。

毛霉可以产生蛋白酶、淀粉酶等，可用于制作美味的豆腐乳和豆豉，是有名的调味大师；根霉的淀粉酶活力非常强，工业生产上的糖化作用就是由它来完成的；青霉能产生青霉素，这是人类发现和利用的第一个抗生素，现在它仍在兢兢业业地为我们服务；白僵菌是著名的昆虫病原真菌，可以产生毒素和抗生素，因为昆虫幼虫感染此菌会遍体生白毛，僵硬而死，因而得名白僵菌，它已成为真菌中治虫效果最好的农药之一；曲霉可以产生多种酶制剂及抗生素，还能生产柠檬酸等多种有机酸，在工业上用途极为广泛。

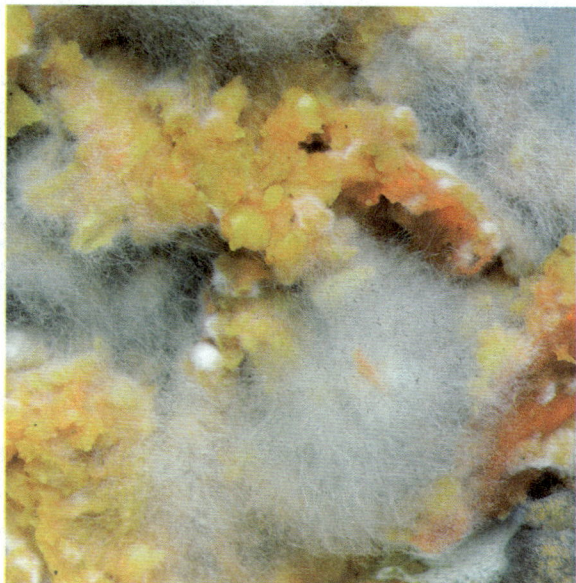

小知识大视野

霉菌是丝状真菌的俗称，意即"发霉的真菌"，它们往往能形成分枝繁茂的菌丝体，但又不像蘑菇那样产生大型的子实体。在潮湿温暖的地方，很多物品上长出一些肉眼可见的绒毛状、絮状或蛛网状的菌落。

图书在版编目(CIP)数据

生物非常曝光/王兴东著. —武汉:武汉大学出版社,2013.9
(2021.8 重印)
ISBN 978-7-307-11650-4

Ⅰ.生… Ⅱ.王… Ⅲ.①生物-青年读物 ②生物-少年读物
Ⅳ.Q1-49

中国版本图书馆 CIP 数据核字(2013)第 210471 号

责任编辑:刘延姣 责任校对:马 良 版式设计:大华文苑

出版发行:武汉大学出版社 (430072 武昌 珞珈山)
(电子邮箱:cbs22@ whu. edu. cn 网址:www. wdp. com. cn)
印刷:三河市燕春印务有限公司
开本:710×1000 1/16 印张:10 字数:156 千字
版次:2013 年 9 月第 1 版 2021 年 8 月第 3 次印刷
ISBN 978-7-307-11650-4 定价:29.80 元